LE CERVEAU

PAR LE

Dr GEORGES SURBLED

Lauréat de l'Académie de médecine,

Membre de la Société de Saint-Luc.

PARIS

RETAUX-BRAY, LIBRAIRE-ÉDITEUR

82, RUE BONAPARTE, 82

1890

LE CERVEAU

ÉMILE COLIN — IMPRIMERIE DE LAGNY

LE
CERVEAU

PAR LE

Dr GEORGES SURBLED

Lauréat de l'Académie de médecine,
Membre de la Société de Saint-Luc.

PARIS

RETAUX-BRAY, LIBRAIRE-ÉDITEUR

82, RUE BONAPARTE, 82

—

1890

AU LECTEUR

Le cerveau fait depuis dix ans l'objet de nos études, pendant les trop courts loisirs que nous laisse la profession. De nos premiers travaux est sorti un article, publié par LE CORRESPONDANT (10 avril 1881), qui nous a valu de précieux encouragements. C'est cet article revu, remanié et considérablement augmenté, qui est devenu un livre. En le publiant, nous cédons à de pressantes instances. S'il arrive à satisfaire quelques esprits, s'il combat utilement des erreurs dangereuses et n'est pas inutile à la grande cause spiritualiste, nous aurons trouvé notre récompense.

au
qu
sol

se

rêf
ge
sc

LE CERVEAU

CHAPITRE PREMIER

LA QUESTION DU CERVEAU

Il y a dans la science des questions capitales, auxquelles il n'est pas permis de rester indifférent, qui s'imposent et réclament impérieusement une solution.

La question du cerveau est du nombre.

Elle s'impose, à bien dire, à tout le monde;

Elle s'impose aux savants d'abord, qui doivent se rendre compte des fonctions de cet organe;

Elle s'impose aux philosophes, qui ont un intérêt primordial à connaître les rapports de l'intelligence et du cerveau et à réfuter le matérialisme scientifique avec ses propres armes;

Elle s'impose aux juristes qui, avant de faire des lois, doivent savoir si les hommes ont une intelligence et une volonté libre, ou si, au contraire, ils n'ont que de vulgaires instincts et ne sont que des « bêtes » ;

Elle s'impose aux magistrats, qui ne sauraient ignorer la cause des délits et condamner comme faute criminelle ce qui ne serait que maladie ou instinct fatal ;

Elle s'impose aux hommes d'État, qui prétendent gouverner les peuples au nom du droit et du devoir, et non conduire des troupeaux d'êtres sans volonté, sans conscience et sans vertu ;

Elle s'impose aux prêtres qui, chaque jour aux prises avec les graves problèmes de la responsabilité humaine, ont besoin, pour la sauvegarder, de connaître sa base, ses caractères et ses limites ;

Elle s'impose aux théologiens, qui voient clairement dans le sensualisme l'ennemi irréconciliable de Dieu, de l'âme, de toute leur science et, dans le cerveau, le siège de la bataille suprême, où il faut vaincre ou succomber ;

Elle s'impose enfin à tous les hommes de cœur qui, fiers de leur foi, entendent bien la défendre, et, sûrs de leur dignité, veulent la garder en face des dégradantes théories du matérialisme.

On ne méconnaît pas généralement l'importance

de la question cérébrale, mais on n'en voit pas toute l'étendue ni les lointaines conséquences. Qu'on le sache bien, elle embrasse dans ses vastes plis les destinées humaines ; et, suivant la solution qu'on lui donne, elle peut sauver ou perdre la conscience individuelle, asseoir solidement ou bouleverser l'ordre social : il est bon d'y insister.

« *Le cerveau secrète la pensée, comme le foie secrète la bile : l'esprit et la liberté sont deux chimères.* » Voilà la première solution ; et voici la seconde : « *Le cerveau et l'intelligence coopèrent à l'élaboration de la pensée : l'âme est libre et spirituelle.* »

Si la première solution est la bonne, les conséquences sont fatales et immédiates : indiquons-les rapidement. — L'homme n'étant qu'une « bête », n'a ni libre arbitre ni responsabilité. L'âme et Dieu disparaissent en même temps pour lui. Dès lors, plus de religion, plus de moralité. Plus de tribunaux, plus de prisons. Plus de droit, plus de devoirs. La loi, c'est la force ; la paix, c'est la guerre. Il n'y a plus de vie sociale : il n'y a qu'anarchie et néant.

Les conséquences de l'autre solution sont connues : elles sont opposées aux précédentes. En présence d'un tel parallèle, n'y a-t-il pas lieu d'être surpris de l'étrange spectacle qui nous est offert ?

La solution spiritualiste, qui assure nos plus lé-
gitimes intérêts, d'où dépend l'avenir de la société,
n'a que de rares et insuffisants défenseurs. On la
sait assise sur une antique tradition, on la croit invincible et on l'abandonne à ses propres forces.
Les progrès scientifiques passent à côté d'elle
sans qu'elle en profite.

La solution matérialiste, au contraire, qui pré-
pare la ruine de nos mœurs et de nos institutions,
qui ne peut que substituer la barbarie la plus sauvage à notre brillante civilisation, est défendue
par une armée de savants, soutenue et prônée dans
les chaires des écoles, dans les Académies, dans
les journaux, adoptée même plus ou moins tacite-
ment par le pouvoir.

Que conclure ? La solution matérialiste aurait-
elle raison de l'autre ? Nous ne le pensons pas.
Nous avons longuement étudié les deux solutions,
nous les avons comparées, et nous apportons ici
les résultats de notre examen.

Nous n'avons ni l'intention ni la prétention de
tout éclaircir, de révéler le secret du cerveau. La
question est complexe et difficile entre toutes.
Nous avons cherché à en poser solidement les
termes : puissions-nous y avoir réussi et avoir
préparé, par notre modeste travail, la solution
définitive.

CHAPITRE II

Le cerveau est une masse blanche, nerveuse, que loge la cavité du crâne et qui surmonte l'extrémité supérieure de la moelle épinière. On y a vu avec raison un épanouissement, une sorte d'efflorescence de cette moelle qui ne forme d'ailleurs avec elle qu'un seul appareil, l'appareil de la vie nerveuse centrale.

Le cerveau a la forme d'un ovale dont la grosse extrémité regarde en arrière : il se partage en deux *hémisphères* à peu près symétriques réunis par le corps calleux.

Chaque hémisphère se divise en quatre parties ou *lobes* qui sont : en avant, le lobe frontal ; en arrière, le lobe occipital ; sur les côtés et en haut, le lobe pariétal ; sur les côtés et en bas, le lobe temporal ou temporo-sphénoïdal. Cette division lobée du cerveau a été surtout imaginée pour la facilité de l'étude : elle n'est pas naturelle, bien que les lignes de démarcation choisies soient les anfractuosités les plus notables, comme les scissures de Sylvius ou de Rolando.

La surface cérébrale est plissée et contournée d'une manière étrange : c'est ce qui constitue les *circonvolutions*. Ce sont, à proprement parler, des renflements allongés, tortueux, en relief marqué et séparés par des sillons. Bien que leur disposition paraisse à première vue inextricable, leur type est assez constant pour faire l'objet d'une classification méthodique. Aux circonvolutions principales s'ajoutent des plis secondaires, moins accentués et plus variables.

Cherchant à simplifier autant que possible cet exposé trop aride d'anatomie, nous ne parlerons ni des nombreux nerfs qui se rattachent au cerveau ni du cervelet dont les deux lobes sont réunis en avant par la protubérance annulaire ou pont de Varole.

L'extrémité de la moelle épinière ou *bulbe rachidien*, se partage à la base du cerveau, au-dessus du pont de Varole, en deux segments, les *pédoncules cérébraux* qui pénètrent chacun dans un hémisphère.

Là se trouvent deux renflements très importants, deux sortes de ganglions, le *corps strié* et la *couche optique*, que les fibres pédonculaires traversent et avec lesquels elles entrent en communication.

Avant d'aller plus loin dans l'étude de la conformation cérébrale, il y a lieu d'indiquer rapidement sa structure intime. Deux substances différentes se partagent la trame nerveuse : ce sont la *substance grise* et la *substance blanche*.

La *substance blanche*, de beaucoup la plus abondante, occupe la périphérie de la moelle et pénètre par les pédoncules dans les hémisphères, dont elle forme presque toute la masse. Elle est constituée par des *fibres nerveuses*.

La *substance grise* entoure le canal central de l'axe cérébro-spinal. On sait que ce canal, très délié dans la moelle, s'élargit au niveau du bulbe et forme successivement, à la faveur de la séparation des pédoncules et des hémisphères, le quatrième ventricule, l'aqueduc de Sylvius et le ventricule moyen.

La substance grise suit exactement les contours de ce canal : on la retrouve en amas de volume très varié dans différents points de la masse encéphalique et particulièrement dans les couches optiques et les corps striés. Enfin elle constitue la *couche corticale* du cerveau et du cervelet ; et, par suite des nombreux replis que leur surface affecte, on peut dire que la plus grande partie de la substance grise, environ les neuf-dixièmes, s'y trouve réunie.

L'élément essentiel de la substance grise est la *cellule nerveuse*. Mais on y voit aussi un certain nombre de fibres qui se rattachent aux cellules.

Cet aperçu sommaire de la structure du cerveau nous permet de nous rendre compte de son agencement général.

Les cellules de la substance grise corticale, ou des circonvolutions, sont en continuité directe avec des fibres nerveuses qui en partent ou qui y aboutissent.

Entre les ganglions centraux (couches optiques, corps striés) et l'écorce grise, il y a un échange multiple de fibres. Des différents points de la surface cérébrale, ces fibres convergent vers les ganglions, s'y réunissent en faisceaux serrés, les traversent sous le nom de *capsule interne*, en sortent pour constituer les pédoncules et vont former les faisceaux de la moelle épinière.

Il importe cependant de remarquer qu'un certain nombre de fibres parties des circonvolutions ne s'étendent pas au-delà des ganglions centraux et établissent une relation directe et unique entre les cellules de ces ganglions et celles de la substance corticale. Par contre, la grande majorité des fibres des pédoncules cérébraux qui viennent de la moelle se terminent dans les corps striés ou dans les couches optiques ; quelques-unes seulement se portent directement aux circonvolutions.

Parmi ces dernières, les unes, exclusivement motrices, font partie de la portion antérieure (ou *lenticulo-striée*) de la capsule interne et se dirigent vers les lobes antéro-latéraux ; les autres, mélangées, mais surtout sensitives, constituent la partie postérieure (ou *lenticulo-optique*) de la capsule et vont dans les lobes postérieurs.

Telle est en résumé la constitution intime du cerveau que l'anatomie nous fait connaître. Mais le microscope permet de pénétrer plus avant encore dans sa structure et fournit des notions très importantes.

La substance grise des circonvolutions offre une épaisseur variable : elle est formée par des fibres nerveuses, des cellules de forme diverse et une substance granuleuse interposée qui leur sert de trame et en quelque sorte de ciment.

Les cellules ne sont pas également réparties dans la masse : la disposition qu'elles affectent est à peu près constante. Il faut excepter cependant les nombreuses petites *cellules*, dites de la *névroglie*,

1.

qui sont disséminées partout : ce sont des cellules nerveuses embryonnaires, d'après les derniers travaux.

Les cellules que l'on rencontre dans la profondeur des circonvolutions sont les plus grosses et les plus remarquables. Leur diamètre peut atteindre cent millièmes de millimètre. On les appelle *cellules pyramidales* ou *géantes*. Elles sont particulièrement agglomérées dans une région cérébrale, dans les lobes pariétaux et une partie des lobes frontaux.

La cellule pyramidale a la forme d'un cône très allongé : son sommet se termine par un prolongement protoplasmatique qui se dirige vers la surface du cerveau ; sa base présente plusieurs prolongements semblables, ramifiés et plus grêles, et un prolongement spécial, unique, dit *cylindraxile* qui paraît continuer une fibre nerveuse.

Au-dessus des grandes cellules pyramidales se trouvent des cellules du même type, mais plus petites. Tout à fait superficiellement on ne voit plus que quelques rares cellules de forme polygonale plongées dans une couche granuleuse.

Les fibres nerveuses, qui constituent la substance blanche, se rencontrent dans toute l'étendue de la substance grise et y affectent les directions les plus diverses. Elles s'entre-croisent et courent parallèlement à la surface cérébrale. Leurs relations avec les prolongements cylindraxiles des cellules pyramidales semblent certaines, mais n'ont pu encore être démontrées.

Voilà, en termes bien sommaires, un aperçu du cerveau ; nous pouvons maintenant considérer les efforts tentés par la science pour connaître sa fonction et ses rapports avec l'intelligence.

i
t
ε
c
l
a
n
s
ré
de
ne
18

CHAPITRE III

GALL ET LA PHRÉNOLOGIE

Si l'étude anatomique du cerveau remonte aux âges les plus reculés, les efforts tentés par les savants pour pénétrer le mécanisme de son fonctionnement et connaître ses rapports avec l'intelligence sont de date récente. C'est seulement au commencement de notre siècle qu'on peut signaler les premiers travaux dignes de la science. Gall fut, au point de vue de la physiologie cérébrale, le premier savant expérimentateur, un véritable précurseur.

Gall, arrivé à Paris vers 1807, exposa, sur les rapports du cerveau et de l'intelligence (1), une doctrine hardie et neuve, qui séduisit vivement les

(1) Voir surtout son *Anatomie et physiologie du système nerveux en général et du cerveau en particulier*, 4 vol., 1810-1819.

esprits, mais laissa l'Académie indifférente, sinon hostile. Cette doctrine accusait des vues très matérialistes, dont ses adeptes n'ont pu la dépouiller malgré tous leurs efforts. Le cerveau était considéré comme l'organe de toutes les facultés supérieures, et chacune de ces facultés avait un organe particulier localisé dans l'organe général. Mais c'était là, si l'on peut dire, le côté théorique de la doctrine ; le côté pratique et vraiment original reposait sur cette proposition : que la forme du crâne répète la forme du cerveau dans toutes ses parties, et que le seul examen de la tête permet aux initiés de connaître les facultés et les penchants prédominants d'un individu. Assurément ce fut cette face de la doctrine de Gall qui excita l'enthousiasme de la foule et donna, pendant plusieurs années, une véritable popularité à la phrénologie naissante et à son fondateur.

« Il est si flatteur, dit finement le secrétaire perpétuel de l'Académie, Dubois d'Amiens, il est si flatteur de passer pour un homme profond, de laisser croire au vulgaire qu'on possède le merveilleux secret de lire jusqu'au fond de l'âme, et cela en promenant la pulpe des doigts sur le crâne du premier venu ! » (1)

(1) Article *Gall* au *Dictionnaire des sciences philosophiques* de Franck, 2ᵉ édit., 1875, p. 587, col. 2.

Retranchez à la phrénologie ce caractère divinatoire qui a fait sa fortune, et vous vous trouverez en présence d'une doctrine sans base et sans consistance. Gall ne l'appuie sur aucun fait scientifique et en cherche les éléments dans une foule d'anecdotes douteuses ou mal contrôlées. Il partage arbitrairement le cerveau en départements distincts, y localise au hasard les facultés ; et, ce qui le montre bien, c'est que la carte phrénologique a été plusieurs fois remaniée par ses successeurs et notablement surchargée par Spurzheim. Le développement d'une faculté est proportionné à celui de son organe. Plus l'organe est gros, plus la faculté se distingue. Cependant il y a de curieuses exceptions : ainsi, l'organe de la propriété devient, en croissant, l'organe du vol. *La propriété, c'est le vol.* Proud'hon connut-il ce détail phrénologique qui vient si justement à l'appui de son célèbre aphorisme ?

Mais à quoi bon réfuter une doctrine tombée aujourd'hui dans le discrédit et dans l'oubli ? Rappelons seulement l'argument anatomique, aussi simple que fort, qui empêche à lui seul le système phrénologique de vivre ou de ressusciter. En soutenant que la forme du cerveau est reproduite par celle de la tête, on oublie que l'épaisseur des parois crâniennes est très variable et oscille entre vingt millimètres et un demi-millimètre. Ces parois comprennent deux tables de tissu osseux compact et une couche spongieuse intermédiaire, ou le *di-ploé*. Or, cette couche a des dimensions très différentes, suivant les points où on l'examine. La table interne suit exactement tous les contours de la surface cérébrale. La table externe est lisse et unie; seule accessible à nos sens, dit très bien M. Sappey (1), « elle ne correspond pas à la table profonde, elle ne se moule pas sur elle, elle ne la reproduit pas; elle la masque, au contraire. » La conformation extérieure du crâne ne traduit donc nullement sa conformation intérieure et, par suite, la forme du cerveau.

La théorie phrénologique est condamnée, mais elle ne résume pas les idées de Gall. Il faut se garder d'y voir tout son bagage scientifique et de le juger par ses erreurs. En dehors de cette théorie creuse, mais séduisante, imaginée pour le succès, il y a des aperçus profonds, des idées neuves, des intuitions surprenantes qui donnent à Gall une place de marque parmi les grands savants.

Son analyse des facultés et des fonctions de la vie est, à tous égards, remarquable : elle indique un sens philosophique très net et tranche heureu-

(1) *Traité d'anatomie descriptive*, 2e édit., t. I, p. 178.

sement, par sa vérité, sur tout le fatras doctrinal de l'époque. Il fait une distinction parfaite des facultés propres à l'homme, des instincts et des fonctions animales. La théorie fausse des localisations n'eût-elle servi qu'à provoquer cette distinction capitale qu'on devrait s'en féliciter au nom de la science. Bien des savants, et même des philosophes trouveraient encore profit aujourd'hui à s'inspirer des leçons de ce maître. L'illustre de Blainville (1), il y a longtemps, a justement fait ressortir tout ce côté peu connu de la doctrine de Gall et lui a rendu un hommage mérité.

L'unité de la personne humaine n'a pas eu de défenseur plus intrépide, plus convaincu que Gall. A ce titre encore, il a droit à notre estime. Tout en se défendant énergiquement d'être sensualiste, il insiste partout sur les rapports intimes, nécessaires des organes avec l'intelligence et sur l'impossibilité de les séparer. Alors, comme aujourd'hui, on prétendait établir un divorce complet entre l'âme spirituelle et l'organisme vivant. Gall fait voir que la tradition est en plein accord avec la science pour affirmer notre unité indestruc-

(1) *Histoire des sciences de l'organisation et de leurs progrès comme base de la philosophie*, édition Maupied, 1858, t. III, p. 327,334.

tible. Il écrit dans la *Préface* de son grand ouvrage : « Tandis que, d'accord avec les Pères de l'Église, avec les moralistes et avec les instituteurs, nous démontrons l'influence de l'organisation sur l'exercice des facultés intellectuelles sans rendre pour cela l'âme matérielle, Walter, Ackermann, Steffens et une foule d'autres crient à l'effroyable matérialisme. » Comme on l'a fort bien dit, « la thèse de Gall est parfaitement soutenable en ce point, car l'âme et le corps sont tellement faits l'un pour l'autre que ce n'est qu'une seule *hypostase*, comme l'entendaient les Pères grecs, et une seule *personne* avec les Pères latins. L'accusation de matérialisme ne peut donc peser sur cette partie de sa doctrine. » (1)

Matérialiste, Gall l'a été sans aucun doute dans certains principes, dans plusieurs parties de ses ouvrages, mais surtout dans sa *théorie des localisations*.

Malgré tout, cette théorie dont les applications ont été si fausses, si ridicules, gardera sa place dans l'histoire de la science ; plusieurs y ont vu une conception de génie, tous y verront la gloire de Gall. Les localisations qu'il avait indiquées ne se sont pas vérifiées, ne pouvaient pas l'être. —L'intel-

(1) De Blainville, *Op. cit.*, p. 331.

ligence et ses hautes facultés sont-elles de nature à se «*matérialiser*» dans l'organe cérébral? — Mais le principe est resté entier, et c'est lui, ne l'oublions pas, qui a guidé plus tard les expérimentateurs dans la voie de leurs fécondes découvertes.

ri
Il
ou
un
tr
jo
re
ce
m
de

re
po

CHAPITRE IV

LE CRANE

La ruine du système de Gall enlève aux matérialistes une illusion, mais non leurs espérances. Ils ne pourront pas diagnostiquer l'esprit de telle ou telle personne vivante, reconnaître à celle-ci une pauvre intelligence, malgré l'évidence contraire, un grand génie à cette autre qui n'a semblé jouir jusque-là que d'une grosse tête. Mais une ressource leur reste, dont ils vont user et abuser : celle de s'adresser au mort, et, son cerveau en main, de lui demander le secret de ses pensées, de ses travaux, de son intelligence.

C'est dans cette voie, pleine de découvertes heureuses pour la science et de cruelles déceptions pour eux, que nous allons les suivre avec un

intérêt puissant. Nous aurons pour guide l'u[n]
d'eux, élève de Broca, M. Topinard : ses ouvra[-]
ges (1) sont une mine féconde en matériaux, nou[s]
y avons largement puisé. Si ses déductions do[c-]
trinales dérident le lecteur, ce ne sera pas notr[e]
faute.

La boîte cranienne loge le cerveau ; et, comm[e]
sa cavité reproduit assez exactement la configu[-]
ration de l'organe nerveux, sa capacité nous donn[e]
le volume cérébral.

Qu'importent ces mesures ? dira-t-on. Le vo[-]
lume du cerveau nous révélera-t-il jamais sa vertu[,]
sa puissance ? L'intelligence se mesure-t-elle[?]
L'objection est sérieuse : elle n'arrête pas les ma[-]
térialistes.

Le cerveau est l'organe de l'intelligence, voil[à]
leur affirmation première, la partie essentielle d[e]
leur *Credo* qu'on doit accepter à priori et sans[s]
discussion.

Prétention d'autant plus singulière qu'ils rejet[-]
tent toute idée, tout principe et n'admettent rien
en dehors des faits. La base de leur science est une
affirmation sans preuve.

(1) *L'Anthropologie*, 2e édition, 1877 ; *Eléments d'Anthro-*
pologie générale, 1885. Toutes les citations qui suivent sont
extraites de ces deux ouvrages.

D'après eux, le cerveau et l'intelligence se développent parallèlement. Plus un cerveau est volumineux, plus celui qui le porte est intelligent. Il semble, à les entendre, que l'esprit soit un produit comme le vitriol ou plutôt comme la bile, et leur raisonnement peut se ramener à cette monstrueuse proposition qui le condamne : Plus la matière cérébrale abonde, plus elle est intelligente.

Qu'on ne nous accuse pas d'exagération. M. Topinard écrit textuellement ce qui suit : « Les plus belles de nos manifestations intellectuelles, celles dont nous sommes le plus fiers, et à juste titre, sont *le produit d'un organe matériel*, comme la bile est le produit du foie, comme la circulation est le produit des contractions du cœur. Un cerveau bien portant, bien fait, donne le jugement et les vues saines ; un cerveau malade, anémié, diminué, engendre l'inverse. *La qualité et la quantité de l'organe, la qualité et la quantité du produit, voilà ce qui distingue l'homme de la brute.* »

La puissance des facultés psychiques, qui n'éblouit pas moins le savant que l'ignorant et paraît à tous aussi merveilleuse qu'inexplicable, est ramenée par les matérialistes à des proportions plus que modestes : elle se réduit à une simple question de mesure ou de dimension. Voyons si les faits se prêtent à cette fantaisie de leur imagination.

La connaissance du volume cérébral dépend de la cervelle ou de son enveloppe osseuse. Laquelle est-il préférable de considérer? A cet égard il n'y a pas d'hésitation. La cavité cranienne présente de nombreux avantages et emporte tous les suffrages. « Ses mensurations, écrit M. Topinard, sont excellentes, elles répondent à certaines objections adressées aux mensurations de l'encéphale, et défient toutes celles que comportent les mensurations de la surface externe du crâne. » Le savant anthropologiste dit encore : « Quelques craniologistes ont même soutenu avec autorité que les mensurations de la cavité cranienne, bien conduites il va sans dire, présentent certains avantages sur celles de l'encéphale directement. La boîte cranienne renferme assurément, en outre de son organe propre, des membranes, de la sérosité et du sang qui en accroissent les dimensions, mais ce supplément, qui a pour objet de favoriser les fonctions de l'encéphale, est d'une manière générale en quantité proportionnelle à la masse de cet organe, et il n'y a guère plus de raison de les séparer de la masse encéphalique que les vaisseaux gros et petits qui s'insinuent dans sa profondeur. D'autre part, l'encéphale réduit à sa plus simple expression offre des inconvénients que nous avons reconnus ; tel qu'il arrive à l'amphithéâtre, il réflète les dernières phases de la vie du sujet ; sans être malade par lui-même, il porte les traces du genre de vie qu'a mené en dernier lieu l'individu, de sa maladie finale, de son agonie : ce qui nous a fait dire que les statistiques sur le poids de l'encéphale ne sont que des statistiques mortuaires, influencées par une sélection complexe. La cavité qui reçoit l'encéphale n'est pas sujette à ces oscillations, elle représente l'état moyen et sain du sujet, le résultat d'une croissance progressive et continue, elle donne le volume fixe en quelque sorte de l'encéphale.

» Broca allait jusqu'à dire que non seulement « la comparaison des capacités craniennes équivaut à celles des cerveaux eux-mêmes », mais « qu'elle donne à quelques égards plus de sécurité que les pesées cérébrales. »

Ces raisons nous paraissent assez bonnes. Il en est d'autres qu'on ne dit pas, et qui sont meilleures. Les anciens ne nous ont pas légué de cerveaux : la terre nous a rendu quelques-uns de leurs crânes. Or les matérialistes fondent les plus grandes espérances sur le témoignage de ces crânes. Ils en sont encore à l'étrange légende qui représente l'antiquité plongée dans la barbarie la plus sauvage et l'ignorance la plus complète ; et ils s'attendent à trouver des preuves dans les restes des vieux cimetières.

Ce qu'il leur importe le plus d'établir, c'est que l'intelligence de nos ancêtres était nulle ou médiocre, comparable peut-être à celle du singe, et que notre supériorité tant vantée date des temps modernes et dérive d'une sélection savante. Qu'ils aient lieu de se réjouir de leurs recherches, que les crânes recueillis à grand'peine aient répondu à leurs espérances, c'est ce que la suite montrera; mais dès maintenant leur méthode appelle des objections indispensables.

De l'aveu des matérialistes eux-mêmes, la condition la plus essentielle des mesures sérieuses et utiles, c'est l'abondance des documents. Une série de cubages ne vaut que par la grande quantité de crânes. Or l'antiquité est avare de ces ossements : on n'en possède qu'un nombre infime. Est-il possible de tirer le moindre enseignement des rares spécimens que nous possédons? Ces crânes sont-ils suffisants pour déterminer le volume cérébral moyen de l'époque lointaine à laquelle ils appartiennent? Assurément non ; et cette disette oblige le savant non seulement à une grande réserve, mais à une abstention complète. Ce n'est pas tout. La chronologie des fouilles n'est pas toujours bien établie, et aucun renseignement n'accompagne les crânes. Pour leur attribuer une importance quelconque, il faudrait connaître l'histoire de chacun d'eux. Or l'ignorance là-dessus est totale et irrémédiable.

Sous le bénéfice de ces réflexions, voici, d'après Broca, quelques capacités crâniennes :

Époque de la pierre polie. Caverne de l'Homme-Mort (Lozère).....	6 crânes	1606 c.c.
Époque de la pierre polie. Divers (France)....................	11 —	1568 —
Époque de la pierre polie. Grottes de Baye (Id.)................	25 —	1534 —
Gaulois..........................	24 —	1592 —
Mérovingiens	42 —	1536 —
Douzième siècle. Parisiens de la Cité.	67 —	1531 —

En regard de ces mesures il faut mettre la capacité des crânes contemporains :

Dix-neuvième siècle. Parisiens....	77 —	1559 c.c.

Ce rapprochement seul est plein d'intérêt : son éloquence est grande et nous suffit. Quant aux chiffres eux-mêmes, ils ne portent pas d'enseignement et ne méritent pas le commentaire intéressé dont les accompagne M. Topinard. « Au temps de la pierre polie, écrit-il, la race qui habitait les grottes de la Lozère et tenait tête aux vainqueurs

avait une capacité cranienne considérable, que
Broca expliquait par la sélection mortuaire qui s'é-
tait faite avant l'âge adulte parmi les mieux doués.
Mais lorsqu'on remarque le chiffre des Gaulois de
1592, et celui des Auvergnats (modernes) de 1598,
les 1606 de la caverne de l'Homme-Mort ont
moins lieu de nous étonner. Au reste, dans cette
série se trouve chez les hommes un crâne absolument exceptionnel de 1745 et chez les femmes, un
autre de 1775, qu'il serait peut-être juste de séparer.
La série de cinq qui s'ensuit descend ainsi au chiffre
de 1578 ; cependant, en la comparant avec les deux
séries suivantes portant toutes deux sur des sta-
tions du Nord occupées par les conquérants de la
même époque, on constate chez les nouveaux venus
une infériorité de volume cérébral sensible. L'explication proposée par Broca reste donc admissible. »

Ce qui ressort le plus clairement des chiffres
indiqués plus haut, c'est la condamnation de la
thèse matérialiste.

On avait cru trouver des cerveaux étroits, atro-
phiés, infimes, attestant une intelligence médiocre
ou nulle ; et l'antiquité nous transmet des crânes
immenses, presque démesurés. Le désappointe-
ment est cruel, mais ne devrait pas entraîner nos
savants à des hypothèses aussi vaines que gra-
tuites.

La sélection mortuaire, qu'invoque Broca, arrive à point pour nous rendre clair ce qui est obscur : c'est le *Deus ex machina*. Si les anciens avaient été microcéphales, c'est-à-dire avaient eu de petits cerveaux, il est probable que cette sélection problématique n'aurait pas vu le jour, et qu'une autre explication aussi plausible aurait pris sa place. Les matérialistes ont du moins le mérite de l'avoir imaginée.

Mais ce qui est plus admirable que la *sélection mortuaire*, c'est la *sélection Topinard*, qui s'exerce savamment sur les crânes trop grands et les élimine avec patience, jusqu'à ce que la théorie soit satisfaite. Cette sélection nous paraît mieux établie que l'autre : elle fait grand honneur à son inventeur.

Soyons justes. Ce qui honore bien mieux M. Topinard, c'est le dissentiment qu'il accuse nettement avec son maître Broca, sur un point très intéressant où la doctrine matérialiste est en jeu... et aussi en péril.

En 1861, Broca crut devoir formuler les propositions suivantes : « La capacité cranienne s'est accrue dans la population parisienne avec la civilisation ; elle est plus grande dans les classes aisées. » Le savant anthropologiste s'appuyait sur de récentes fouilles. « Il s'agissait d'un gisement

2.

de crânes du douzième siècle, sinon antérieur, trouvé dans un caveau voûté et scellé, au-dessous d'une maison construite du temps de Philippe-Auguste; tout indiquait que cette sépulture avait appartenu à des classes privilégiées. Broca, en même temps, présentait une série de crânes de l'ancien cimetière des Innocents, qui reçut les pauvres gens depuis Philippe-Auguste jusqu'au dix-huitième siècle; une série de crânes contemporains provenant du cimetière de l'Ouest, les uns des sépultures particulières, les autres de la fosse commune; et enfin quelques crânes de la Morgue.

» La moyenne des 125 crânes de la sépulture aristocratique de la Cité était de 1,425 centimètres cubes, et celle des 125 du cimetière pauvre des Innocents, de 1,409, soit de 16 centimètres cubes en moins, *qui déjà montrent l'influence de l'aisance.* La moyenne des 125 crânes du dix-neuvième siècle est de 1,461, c'est-à-dire plus forte que l'une et l'autre des séries précédentes. *La capacité crânienne a donc augmenté dans le siècle actuel.*

» Les 125 crânes de l'Ouest se décomposent en deux séries : l'une de 90 crânes, qui concernent les sépultures particulières; l'autre de 35, qui viennent de la fosse commune. La moyenne des premiers est de 1,484, et celle des seconds de 1,403. L'excès de capacité des crânes des sépultures particulières est de 83 centimètres cubes, et confirme la proposition déduite de la comparaison de la Cité avec les Innocents, *que la population aisée a une plus grosse capacité que la population pauvre*. Si, d'autre part, on compare la série des sépultures particulières du cimetière de l'Ouest avec celle de la sépulture particulière de la Cité, on constate que la première a 59 centimètres cubes de plus, quoique la classe sociale des concessions à cinq ans et moderne fût relativement moins élevée que la classe du caveau de la Cité au douzième siècle. *Il est donc évident que la capacité cranienne s'est considérablement accrue, depuis le douzième siècle, dans la classe aisée.* En revanche, elle n'a pas sensiblement changé dans la classe inférieure; les chiffres de la fosse commune actuelle et des Innocents du douzième au dix-huitième siècle, sont de 1,409 et 1,406. »

Ces chiffres, et les habiles déductions qui les accompagnent, appelleraient une longue discussion. Ils ont été contestés par M. Topinard et n'ont pas besoin d'une autre réfutation. Mais on pressent facilement toutes les conséquences que les matérialistes tirèrent de l'affirmation si hardie et si catégorique de Broca. Personne, parmi ces savants, ne songea à reviser les mesures, à refaire les moyennes, à discuter les conclusions. Vogt s'empara de l'idée et l'inséra avec enthousiasme dans ses *Leçons sur l'homme*, lui donnant la valeur d'une vérité démontrée. Quelle bonne occasion d'affirmer sa foi matérialiste et d'établir la corrélation étroite, nécessaire, entre une forte intelligence et une grosse tête !

La parole de Broca a été crue et acceptée aveuglément pendant vingt-cinq ans. Seul, M. Topinard a été plus difficile que ses confrères, et ses études l'ont amené dernièrement à réfuter la théorie de son regretté maître. « Il est difficile, écrit-il, de voir un raisonnement mieux soutenu et s'appuyant sur des chiffres plus nets ; et cependant il y a deux objections graves. En premier lieu, *Broca confond les sexes.* En second lieu, Broca, qui opérait par la méthode de Morton, a reconnu depuis qu'elle était vicieuse, a institué sa méthode propre, et a recommencé avec elle le cubage de toutes les séries précédentes, moins une. Or, voici ce que donnent ces nouveaux cubages :

Cité :	Cimetière aristocratique, douzième siècle..........................	67 crânes	1532
Ouest :	Sépultures diverses, dix-neuvième siècle...........................	77 —	1559
	Différence pour l'Ouest.............		+27
Ouest :	Sépultures particulières............	62 —	1531
—	Fosse commune....................	15 —	1563
	Différence pour la fosse commune...		+32

Cité : Cimetière aristocratique, douzième siècle...........................		1532
Ouest : Sépultures particulières, dix-neuvième siècle.....................		1531
Différence au dix-neuvième siècle....		— 1

» Il en résulte que l'excès de capacité de l'Ouest sur la Cité persiste, quoique diminué, *mais qu'entre les sépultures particulières contemporaines et la sépulture aristocratique du douzième siècle, il n'y a pas de différence sensible,* et enfin qu'en comparant la fosse commune et les sépultures particulières, *c'est la première qui a l'avantage.* Ce sont donc les *prolétaires du dix-neuvième siècle* qui produisent le prétendu accroissement de la capacité crânienne, du douzième au dix-neuvième siècle, *et non la classe aisée.*

» Aujourd'hui, ajoute M. Topinard, plus avancés en crâniométrie, notre interprétation serait réservée. Les différences ne sont pas assez prononcées, ni le nombre des crânes assez grand, dirions-nous, pour autoriser des conclusions aussi capitales. »

D'autres recherches, en donnant des résultats analogues, confirment cette sage manière de voir. Voici, d'après les registres de Broca, la capacité crânienne en Égypte, dans le cours des temps :

Égyptiens	4ᵉ dynastie	21 crânes	1532
—	11ᵉ —	12 —	1443
—	18ᵉ —	9 —	1464

M. Topinard l'avoue sincèrement, ces chiffres déroutent toute science... matérialiste. « Il faudrait en conclure que la capacité cranienne a diminué. *On ne peut invoquer la décadence de la civilisation,* car le siècle de Ptolémée vaut bien celui des grandes pyramides. »

Les faits s'accumulent contre la thèse de Broca. N'allez pas croire qu'ils vont ramener M. Topinard à la saine vue de la vérité. Il a constaté la contradiction positive de l'expérience, et il conclut en faveur de l'opinion favorite de son maître qu'il combattait naguère. « *En principe,* écrit-il, et en s'appuyant sur les lois de la physiologie..., on admettra que le crâne *tend* plutôt à s'accroître par le progrès et la généralisation de l'intelligence. »

Ainsi, *en pratique,* on observe que, dans la suite des âges, non seulement le crâne ne s'accroît pas, mais qu'il diminue sensiblement ; et, *en principe,* on déclare qu'il a une *tendance* à grandir. Précieux principe ! Heureuse tendance !

Revenons à l'époque moderne, seule riche en documents, seule capable de nous donner des indications utiles.

Voici quelques chiffres de capacité cranienne dûs à Flower :

Esquimaux.........	17 crânes	1546
Néo-Zélandais......	15 —	1497
Japonais...........	6 —	1486
Italiens...........	74 —	1467
Chinois...........	16 —	1424
Nègres d'Afrique...	13 —	1402
Indiens...........	17 —	1289

A la vue de cette liste, M. Topinard ne peut retenir son étonnement. « *Voilà, s'écrie-t-il, qui est absolument imprévu.* Ce ne sont pas les Européens, représentés par les Italiens, qui sont *en tête, mais les races jaunes les plus typiques.* » La prépondérance des Esquimaux nous laisse très indifférents ; mais, si étrange qu'elle puisse paraître, elle est absolument établie par d'autres statistiques. En dépit des éliminations les plus savantes, ils conservent partout leur *supériorité... cérébrale.* Modestement, M. Topinard se contente d'indiquer des chiffres. « Je n'en veux tirer aucune déduction, dit-il ; je sème. » Honnête réserve qui l'honore, mais qu'il ne gardera pas longtemps !

Broca, de son côté, nous fournit les mesures suivantes :

Auvergnats........	43 crânes	1598
Savoyards.........	16 —	1538
Bretons...........	70 —	1583

Basques............	61	crânes	1564
Parisiens............	77	—	1559
Hollandais.........	22	—	1530
Lapons............	4	—	1558
Javanais...........	18	—	1500
Esquimaux.........	9	—	1535
Chinois et Mongols..	16	—	1518
Polynésiens........	21	—	1500

Ici, les chiffres paraissent plus favorables à la thèse matérialiste, et M. Topinard, oubliant sa promesse, ne craint pas de tirer quelques déductions. Nous en ferons grâce au lecteur, estimant qu'aucune n'est possible. Les tables de mesures n'apportent aucune lumière : voyez plutôt leurs rapprochements bizarres. Les Esquimaux ont à peu près le même volume cranien que nous-mêmes, orgueilleux Parisiens. La balance ne flatte guère les Hollandais. Et qui place-t-elle au-dessus de tous, en tête de la liste? Les Auvergnats et les Bas-Bretons. Dans la race jaune, les Chinois, réputés très intelligents, sont dépassés par les Esquimaux, dont la civilisation est inférieure.

Une série de cubages, opérés par M. Davis dans les différentes races, lui a donné des résultats curieux qu'il faut encore citer :

18 Suédois.......	1500	c. c.
23 Néerlandais..............	1496	—
39 Saxons..................	1488	—
31 Irlandais................	1472	—

116	Canaques................	1470	c. c.
21	Chinois	1452	—
12	Nègres de Dahomey......	1452	—
9	Lapons.................	1440	—
36	Anglo-Saxons...........	1412	—

Cette table, comme on le voit, place sur le même plan le Canaque et l'Irlandais, les Chinois et les Nègres de Dahomey; elle range en dernière ligne les Lapons et les Anglo-Saxons.

Voilà les résultats d'une seule série de cubages. Que dire des différentes séries, et des divergences énormes qu'elles accusent? Pour les crânes des nègres africains, tandis que Morton donne un cubage de 1,364 centimètres cubes, Broca en fournit un de 1,430, et M. Davis, un de 1,452. Ces faits sont d'autant plus graves qu'on ne peut les imputer à l'insuffisance des mesures, Morton ayant opéré sur 79 crânes et Broca sur 85.

La méthode, dont Broca vantait l'excellence, n'a donc pas donné les résultats attendus, et se trouve de plus en plus abandonnée sous l'influence du discrédit qui s'attache aux efforts stériles ou aux thèses ridicules. M. Topinard le reconnaît de bonne grâce:

« Dans l'état d'anarchie, écrit-il, où se trouve la science sur l'opération du jaugeage et du cubage, les divergences entre observateurs s'élèvent à 50, 100 et même 150 centimètres cubes; chacun est isolé dans ses méthodes ou sa ligne de conduite; les richesses d'un musée ne profitent pas à ceux qui ne peuvent venir directement les étudier eux-mêmes. Le désarroi, le découragement est tel de la part de certains anthropologistes, qu'ils ne songent à rien moins qu'à abandonner l'étude de la capacité cranienne comme *illusoire* et *impossible*. »

CHAPITRE V

Des deux méthodes indiquées pour connaître le volume cérébral, à savoir la mesure du cerveau ou le cubage de la cavité cranienne, nous venons d'étudier la meilleure et la plus sûre : nous avons vu ses résultats, nous avons apprécié sa valeur. Si cette méthode a misérablement échoué, qu'attendre de l'autre qui se présente avec de graves inconvénients et des difficultés multiples? La thèse matérialiste a subi, dans le chapitre précédent, à la seule confrontation des chiffres fournis par ses docteurs, une contradiction positive : elle va prononcer ici, nous en avons l'assurance, son irrémédiable déchéance.

On accuse le crâne aux parois rigides de ne pas

fournir à la statistique des données précises ; que dire du cerveau, au tissu mou et délicat, avec ses complications anatomiques, avec ses variations indéfinies? Son enveloppe osseuse peut être trompeuse, mais elle est simple à côté de cet organe mystérieux qui excite sans l'épuiser le travail des savants et, après tant de siècles d'études, n'a pas encore dit son secret. Aussi que d'erreurs, que de contradictions partout! Plus d'un s'est perdu dans ce tortueux dédale : pour en sortir, il ne faut rien moins que le fil conducteur de la vraie philosophie.

Le cerveau est l'organe de l'intelligence : plus il est développé, plus l'esprit est puissant. C'est encore, c'est toujours l'opinion des savants anthropologistes. On dirait qu'ils soutiennent l'idée matérialiste avec d'autant plus d'ardeur qu'elle est en plus complète contradiction avec l'expérience. Considérons donc le poids des différents cerveaux. Si vraiment ces organes donnent la mesure de l'intelligence, nous serons amplement renseignés et à bon compte.

L'encéphale de la baleine pèse 1,500 grammes, celui du dauphin atteint 1,800 grammes; celui de l'homme varie entre 1,300 et 1,400 grammes. Le cerveau d'un jeune éléphant d'Asie dépassait 3,000 grammes (Broca). Voilà déjà quelques animaux qui laissent loin derrière eux le roi de la création. Hâtons-nous d'ajouter que tous ne priment pas l'homme par le poids cérébral. Ainsi l'encéphale du cheval dépasse à peine 600 grammes, celui du bœuf arrive à 500, celui de l'âne à 360. Le cerveau du singe, même dans les grandes espèces, ne pèse que 4 à 500 grammes. Les animaux domestiques réputés si intelligents sont médiocrement dotés : le cerveau du chien pèse 80 gr., celui du chat 30 à peine (Colin).

Ces chiffres ne signifient rien : quelle serait leur valeur s'il fallait s'en rapporter aveuglément à l'opinion de M. Topinard ! « *La vérité*, écrit-il, *est que le poids du cerveau augmente avec l'usage qu'on fait de cet organe..., avec le degré de l'intelligence.* » N'insistons pas, et craignons d'abuser des erreurs de nos adversaires.

La comparaison brute des cerveaux de la série animale est vaine et sans portée : tous les savants l'ont admis facilement. Le rapprochement de l'énorme cerveau de l'éléphant et du petit cerveau du lapin par exemple n'offre aucune indication. La taille des êtres vivants est en effet des plus variables, et on ne peut raisonnablement, sans violer la *loi des proportions*, réclamer un cerveau égal chez l'éléphant et le lapin, chez le dauphin et chez l'homme. Il nous plaît de constater sur ce point l'adhésion des matérialistes à une doctrine qui est nôtre : en reconnaissant la *loi des proportions* qui régit toute l'évolution, ils ne se doutent pas qu'ils rendent hommage à l'antique spiritualisme.

Pour garder cette loi et éviter toute cause d'erreur, on a cru tout simple d'établir que l'intelligence est en raison directe des proportions relatives du poids cérébral et du poids total. On s'est patiemment exercé à calculer le rapport du volume encéphalique avec la taille ou le poids de chaque animal. Mais on n'a pas remarqué que le volume du cerveau lui-même n'est pas toujours en rapport avec la masse nerveuse et qu'il cache plus d'un piège aux calculateurs. Le cerveau des animaux supérieurs, par exemple, est creusé de cavités, ou *ventricules*, qui sont souvent très grandes et ne sauraient entrer en ligne de compte. De plus, la densité de la substance nerveuse paraît assez variable. Quoi qu'il en soit, cette conception a eu son heure de faveur et doit être rappelée.

M. Leuret a constaté que le poids de l'encéphale est au poids du corps :

Dans les poissons	comme 1	est à	5668
Dans les reptiles	— 1	—	1321
Dans les oiseaux	— 1	—	212
Dans les mammifères	— 1	—	186

« Il est donc démontré, écrit M. Sappey après

avoir cité ce tableau, que l'encéphale devient de plus en plus considérable à mesure que l'on s'élève dans la série animale. Mais, ajoute-t-il très justement, cette conclusion, vraie lorsqu'on l'applique aux différentes classes, cesse de l'être si l'on veut l'appliquer dans chacune de celles-ci aux ordres, aux genres et aux espèces qui la composent. »

Les moyennes indiquées par Leuret sont trop vastes pour avoir une signification. Si l'on s'en tient aux mesures individuelles, on voit que le rapport en poids du cerveau au corps est, chez l'homme, de 1 à 47, chez le dauphin de 1 à 66, chez le grand singe de 1 à 100, chez le cheval de 1 à 400, chez l'éléphant de 1 à 500, chez le bœuf de 1 à 800 (Sappey). Ces chiffres n'arrivent pas à satisfaire le sens commun qui se refuse par exemple à croire le dauphin si bien doué et l'éléphant si déshérité du côté des facultés supérieures. Mais une dernière surprise nous est réservée : cette loi des rapports place l'homme au-dessous d'un certain nombre d'animaux, du chat, notamment, dont le cerveau est proportionnellement très gros, du ouistiti, chez lequel la proportion est de 1 à 28, et du serin chez lequel elle atteint 1/14. Voilà le plus clair résultat de la théorie chère aux matérialistes : le *serin* arrive en tête de liste et nous est supérieur.

Est-il nécessaire, après cela, d'indiquer l'inutilité

la puérilité même de pareilles mesures ? Les chiffres seuls suffisent à notre démonstration.

Ces chiffres ne sont pas d'ailleurs bien établis, et M. Sappey les conteste formellement en signalant une grave lacune.

« Parmi les auteurs des tables de comparaison, dit-il, il n'en est aucun qui ait tenu compte de l'âge ; or, le volume de l'encéphale d'une part, et celui du corps de l'autre, subissent des modifications relatives considérables aux différentes époques de leur évolution, et ces modifications s'opèrent en sens inverse. »

Aussi les mesures des différents auteurs sont-elles loin de concorder. Ils ne tiennent compte ni de l'âge, ni d'autres données importantes, comme le sexe, l'état de santé, etc. D'après Sappey, nous l'avons vu, la proportion chez l'homme est de 1 à 47. La même proportion, pour Cuvier, est de 1 à 36, et, pour Colin, de 1 à 52. Ces divergences sont légères auprès de celles qui s'accusent quand on passe de l'enfance à l'âge adulte et qui achèvent de discréditer la méthode. En effet le cerveau ne se développe pas du tout comme le corps : il est gros dès la naissance et acquiert très rapidement, en quelques années, son plus grand volume proportionnel. La relation de l'encéphale au corps, qui chez l'homme adulte, est de 1 à 47, est chez l'enfant de 1 à 7. Quel enseignement dans ce rapport ! Nous l'exposerons plus loin en détail dans le chapitre sur la croissance du cerveau ; mais, dès maintenant on peut dire qu'il montre l'inanité de la thèse matérialiste.

L'enfant nouveau-né n'a pas, que nous sachions, de dispositions intellectuelles accentuées ni remarquables, il ne sait pas penser, il sent ; avec le temps et l'éducation, il deviendra un homme intelligent ; mais d'ici là, ses petits instincts et ses sensations ont le temps de se développer, avant de pouvoir fournir à l'esprit les éléments de son exercice. L'enfant n'en a pas moins une énorme cervelle.

CHAPITRE VI

LE CERVEAU DANS LES RACES HUMAINES

D'après une doctrine qui a fait son temps, quoique encore professée par plusieurs anthropologistes, le volume du cerveau dans les races humaines serait en rapport avec leurs différents degrés de civilisation, et par suite d'intelligence. C'était là, il y a quelques années, un véritable axiome de la science, accepté sans examen et sans contestation par les savants les plus considérés, notamment par M. Sappey. On connaît sa sage et prudente réserve. Il ne craint pas de s'en départir sur ce point et d'accepter l'opinion commune en écrivant :

« Parmi les crânes mesurés par M. Morton, il en est trente-huit appartenant à la race germa-

nique, soixante-quatre à la race nègre, et huit à l[a]
race australienne ; voici leur capacité relative :

Race germanique..............	1534 c. c.
— nègre...................	1371 —
— australienne............	1228 —

« En comparant les crânes de ces trois races, o[n]
voit que, si la capacité des derniers est représent[é]
par 100, celle des seconds sera égale à 111,86, [et]
celle des premiers à 124,8. Ainsi, en s'élevant [de]
la race australienne à la race nègre, la capaci[té]
du crâne s'accroît de 12 pour 100 et de 25 pou[r]
100, en remontant jusqu'à la race germaniqu[e,]
différences considérables qui semblent corre[s-]
pondre assez bien à la différence intellectuel[le]
des trois races. »

Cette théorie est inacceptable : elle a le dou[ble]
tort d'être en opposition avec les faits et ave[c la]
logique. On ne peut admettre de corrélation en[tre]
deux objets de nature différente, le poids du c[er-]
veau et la force de l'intelligence. D'autre p[art,]
l'étude expérimentale que nous avons déjà f[aite]
de la cavité cranienne, comme l'examen qu[i va]
suivre des pesées de cerveaux, apportent la c[on-]
tradiction la plus décisive à la théorie. Elle a d[éjà]
subi autrefois la réfutation de quelques sava[nts.]
Ainsi Tiedemann, en 1837, après avoir cubé [la]

de cinq cents crânes pour se rendre compte des différences signalées, démontra que la capacité cranienne est à peu près la même dans toute l'humanité. Cette idée fut vivement combattue et parut un instant abandonnée. Aujourd'hui, elle reprend faveur; et l'on voit des anthropologistes, comme M. Topinard, rendre justice à Tiedemann et reconnaître tardivement qu'il est parvenu le premier à la vérité.

Les chiffres ont une éloquence particulière, et c'est à elle qu'il faut attribuer l'opinion nouvelle de M. Topinard. Ce savant anthropologiste n'a pas eu de peine à reconnaître combien, sur de grandes séries, les variations entre les races humaines sont minimes et insignifiantes. Ses explications méritent d'être reproduites. « Il s'agit, écrit-il, de cubages personnels, ou du moins pratiqués, sous nos yeux et notre direction, par M. Flandinette, employé du laboratoire, dont Bróca appréciait tout particulièrement les talents de cubage. Depuis que Broca a terminé ses dernières opérations sur la capacité cranienne, un très grand nombre de crânes nouveaux sont entrés au laboratoire de la Société. Ce qui n'était pas possible alors, même en faisant l'appoint avec quelques pièces empruntées au Muséum, l'est aujourd'hui. J'ai pu constituer ainsi quatre séries homogènes,

de quatre races très opposées, du sexe masculin,
et de même nombre chaque, soit de cent crânes.
La première série est formée de Parisiens du
siècle dernier et au delà provenant des cata-
combes. La seconde est formée d'Auvergnats
d'une même localité dans les montagnes du mont
Dore. La troisième se compose de nègres d'Afrique
dont sont exclus les Hottentots et les Boshimans.
La quatrième se compose de Néo-Calédoniens et
de Néo-Hébridiens, deux populations semblables
et anthropologiquement voisines de la race des
Fidjiens des montagnes de l'intérieur, qui nous
paraît, avec les Néo-Calédoniens de l'île des Pins,
fournir le type le plus pur de la race mélanésienne
principale la plus favorisée. Ci-joint le résumé de
ces quatre séries dans toute leur brutalité, comme
le hasard qui a produit le rassemblement de chacune de ces centaines le donne :

	Moyenne	Maximum	Minimum
100 Néo-Calédoniens........	1588	1685	1185
— Auvergnats............	1585	1855	1315
— Parisiens...............	1551	1845	1175
— Nègres africains........	1477	1835	1120

» Ainsi, 1° les Auvergnats, type de la race cel-
tique, ont une capacité plus forte que les Parisiens, mélangés de Celtes et de Kymris ; 2° le

groupe de nègres mélanésiens ici représenté et qui est le principal, a une capacité plus grande que la masse des nègres d'Afrique, les Hottentots et Boshimans exclus ; 3° les Européens représentés par les Auvergnats et les Parisiens réunis, comparés aux deux groupes de nègres ci-dessus également réunis, n'ont une capacité moyenne plus élevée que de 86 centimètres cubes.

» Cette conclusion étonnera bien des personnes ; elle est en désaccord avec les idées reçues et vient à l'appui des idées monogénistes et non des polygénistes. Peu importe ! Elle doit être acceptée. »

L'aveu de M. Topinard est précieux à recueillir. Son tableau est plus précieux encore : il démontre l'équivalence des crânes humains. La moyenne des nègres africains paraît, il est vrai, notablement inférieure à celle des Parisiens ; mais le maximum et le minimun de ces deux groupes a sensiblement la même mesure. Si les Parisiens surpassent en bloc les nègres d'Afrique, ils sont bien au-dessous des autres nègres, tout en ayant un maximum supérieur. En somme les différences sont très minimes entre ces quatre cents crânes de toute provenance : elles seraient peut-être nulles avec des séries plus fortes.

Les cerveaux ne se pèsent pas par centaines, surtout ceux des races exotiques. On les acquiert avec peine, on les conserve avec plus de peine encore. Aussi, de ce côté, les résultats sont médiocres, et M. Topinard le reconnaît sans difficulté.

« Les connaissances, écrit-il, sur le volume de l'encéphale dans les races humaines acquises directement à l'aide du poids de cet organe sont peu avancées. Ce qu'on en sait est tiré plutôt de la considération de la capacité cranienne et rentre dans la craniologie. » Par suite l'usage s'est établi d'estimer le volume cérébral d'après la capacité crânienne et de combiner les résultats des cubages avec les chiffres fournis par les pesées directes du cerveau.

Pour les Européens adultes, le tableau suivant donne le poids moyen du cerveau :

157 Écossais....	(Reid et Peacock)	1417	gr.
28 Anglais.....	(Peacock)	1388	—
460 Bavarois....	(Bischoff)	1375	—
50 Français....	—	1381	—
167 —	(Broca)	1359	—
425 Anglais.....	(Boyd)	1354	—
244 Italiens.....	(Calori)	1308	—

Ce tableau a été dressé par M. Topinard avec les statistiques les plus nombreuses et les plus sûres. Il en a soigneusement écarté toutes les pesées insuffisantes ou suspectes à un titre quelconque. Néanmoins il ne leur attribue pas une grande autorité et « se reconnaît dans l'impossibilité, avec les moyennes ci-dessus, de dire lesquels ont l'encéphale le plus volumineux, des Français, des Allemands ou des Anglais. » On ne peut que souscrire à cette sage réserve.

Quelle conclusion d'ailleurs serait possible? Les poids sont sensiblement équivalents. Sans doute les Italiens sont au dernier rang, mais pourquoi? Leur intelligence ne vaut-elle pas la nôtre? Les Écossais sont en tête : ont-ils plus d'esprit que nous? Il y a d'autant moins lieu de s'arrêter à une opinion que, pour un même peuple, les savants les plus consciencieux ne sont pas d'accord et ont parfois des chiffres assez divergents.

Deux moyennes ont été trouvées pour les Français. Cette différence s'explique d'une façon curieuse. Dans les cinquante crânes qu'il a examinés, Bischoff en a compris neuf appartenant à des Kabyles ou Turcos. Or ces neuf crânes pesaient en moyenne 1366 grammes. Ils ont forcé le total; et c'est à ce mélange tout à fait indu que la moyenne du savant allemand doit sa supériorité sur celle de Broca. Nos braves mais primitifs Turcos ont plus de cerveau que nous : sont-ils plus civilisés?

La différence pour les Anglais est plus malaisée

à découvrir. M. Topinard pense qu'elle tient à un procédé défectueux de Boyd, et que le chiffre normal est celui de Peacock.

Si, de la race blanche, on passe à la race jaune, on n'observe pas ce saut brusque que tous les auteurs anciens ont signalé. La civilisation ne se mesure pas au poids du cerveau. Sans doute on constate certains chiffres inférieurs ; mais leur faiblesse peut très bien être attribuée à la petitesse des séries. Les cerveaux que nous possédons sont en nombre infime. Les réserves les plus formelles doivent être faites sur les résultats obtenus : M. Topinard le déclare, et nous partageons son avis. Le simple examen du tableau suivant n'en est pas moins très significatif.

11 Chinois	(Clapham)	1430 gr.
4 Insulaires des Carolines.	—	1402 —
1 Esquimau................	(Chudzinski)	1398 —
18 Annamites.............	(Neïs)	1341 —

Les Chinois ont été longtemps outragés ou méconnus. Les voilà du coup réhabilités ! Ces habitants de l'empire du Milieu n'avaient pas tort de se croire le premier peuple de la terre, ils peuvent maintenant prétendre, au nom de la science... matérialiste, à l'empire du monde : ils sont supérieurs à tous les Européens, même aux Anglais et aux Écossais, *ils ont les plus gros cerveaux.* Heureux Chinois! Aucune critique sérieuse n'atteint les chiffres de Clapham : c'est M. Topinard qui l'affirme. « Les onze sujets appartenaient à la classe des coolies, la plus basse de la société chinoise : les pesées ont été faites par un homme passé maître sur ce point. » N'y a-t-il pas là la source de douloureuses réflexions? Si une grosse cervelle est l'apanage du bas peuple de Chine, que sera celle des Chinois riches et lettrés, des mandarins à trois et à quatre boutons? La seule pensée en fait frémir : quel sera l'avenir du monde, et surtout de notre Europe tant vantée? Si vraiment le poids cérébral traduit la valeur intellectuelle, notre prestige et notre force disparaissent en même temps : la race jaune est fatalement destinée à nous vaincre, à nous anéantir ou à nous absorber.

Que le lecteur ne s'y méprenne pas, cette terreur est légère et seulement imaginée pour mettre en relief la thèse matérialiste et ses ridicules conséquences. Mais, si nous sommes tranquilles, M. Topinard n'est pas rassuré : les chiffres de Clapham le surprennent, l'étonnent. « Nous attendrons, dit-il, avant d'en tirer une conclusion, mais nous tendons à croire *que les races jaunes sont décidément bien douées sous le rapport du volume cérébral.* » Et il termine par cette triste ré-

flexion que le moindre commentaire affaiblirait :
« Si, par le volume de son encéphale, l'Européen
était obligé de descendre du piédestal qu'il s'est
élevé, ce serait une rude atteinte au principe de
sa suprématie dans la gradation des races. »

Les Chinois n'ont pas seuls, dans la race jaune,
le privilège d'une grosse tête. Les Esquimaux
sont, comme eux, très bien partagés : le cerveau
mesuré par Chudzinski ne suffirait pas à nous
renseigner, si son poids élevé ne se trouvait pleinement confirmé par un certain nombre de cubages craniens que nous avons mentionnés plus
haut. Quant aux Annamites, « ils ont sensiblement
la moyenne ordinaire des Européens », s'ils ne
la dépassent pas. La série de M. Neïs n'est pas
forte ; et il est présumable qu'avec une centaine
de cas, ici comme ailleurs, la moyenne grandirait.
Broca ne put peser qu'un cerveau d'Annamite et
l'estima 1.233 grammes. On voit, par ce seul
exemple, quelle défiance on doit avoir des pesées
individuelles ou des séries faibles. Comme le dit
M. Topinard, « la méthode des moyennes est indispensable, et les moyennes n'ont qu'une valeur
proportionnée aux nombres qui les composent et à
l'homogénéité de condition des individus. »

Ces réflexions, toujours justes, s'imposent tout
particulièrement quand on arrive à l'étude de la

race nègre. Ici, les documents manquent, ou à peu près. En prenant de côté et d'autre tous les cas publiés, sans exercer ni contrôle ni sélection, M. Topinard arrive à grand'peine à réunir vingt-neuf cerveaux nègres. La moyenne de ces cerveaux est de 1.234 grammes ; mais elle est si peu sûre que M. Topinard ne l'indique que sous toutes réserves et engage à ne pas s'y attacher. « L'absence de toute indication souvent sur l'âge, écrit-il, les différences de taille que présentent les races nègres, la diversité probable des procédés suivis, la pesée dans certains de ces cas après conservation prolongée dans l'alcool, poussent à ne les considérer qu'isolément. »

L'examen des pesées impose cependant une remarque. Bien que le nombre des cerveaux soit très restreint, plusieurs atteignent de fortes proportions. Ainsi Broca a signalé, chez un noir de Pondichéry, un cerveau de 1.330 grammes, et, chez un Néo-Calédonien, un autre de 1.527 grammes. Wyman, de son côté, a trouvé un poids de 1.445 grammes au cerveau d'un nègre du cap de Bonne-Espérance. Ces seuls cas doivent être retenus : ils démontrent à leur façon qu'avec de fortes séries, la moyenne des pesées serait notablement accrue. La preuve en est fournie très amplement par les statistiques américaines que M. Topinard

avait négligées dans son manuel d'anthropologie
et qu'il préconise au contraire dans son dernier
ouvrage. Ce sont en effet les seules qui fixent la
science sur le poids du cerveau nègre.

Pendant la guerre de Sécession, le docteur
Ira Russell a présidé à la réunion et à la pesée de
quatre cents cerveaux nègres purs ou métis, et les
résultats ont été publiés par M. Sanford B. Hunt.
En voici le tableau résumé :

	Moyenne	Maximum	Minimum
161 nègres................	1331	1587	1013
168 métis nègres..........	1307	1672	978
47 mulâtres..............	1334	1615	1048
25 métis blancs..........	1390	1729	1133

Ce tableau met les nègres au rang des blancs;
M. Topinard n'hésite pas à le déclarer. « On ne
saurait dire, écrit-il, que les nègres des États-Unis
s'abaissent notablement par le poids de leur encéphale. De même, ces nègres ne présentent-ils
aucune infériorité relativement au blanc par l'étendue de leurs variations. »

Voilà qui doit suffire à prouver que le cerveau
offre, dans toutes les races, des dimensions sensiblement égales, et que la civilisation et le progrès,
signes de l'intelligence, n'ont rien à voir avec son
volume ou son poids.

CHAPITRE VII

LE CERVEAU DE L'HOMME

En 1861, une discussion célèbre s'éleva à la *Société d'anthropologie* de Paris sur la question du volume cérébral. Broca et Gratiolet y soutinrent une lutte courtoise au sujet de l'importance qu'on doit attribuer à ce volume pour la production de l'intelligence. Le premier, attaché à la cause matérialiste, mais aussi désireux de satisfaire à la raison, reconnut la justesse des graves objections de son adversaire et n'hésita pas un instant à se séparer de ces savants absolus qui veulent quand même plier les faits à leur système. C'est alors qu'il prononça ces mémorables paroles que n'eût pas désavouées son contradicteur et qui sont frappées au coin du bon sens et de la vérité. « Personne n'a prétendu, soit ici, soit ailleurs, qu'il y eût un *rapport absolu* entre le développement de l'*intelligence* et le *volume* ou le *poids* de l'encéphale. Pour ce qui me concerne, j'ai protesté de toutes mes forces et à plusieurs reprises contre une pareille absurdité... *Il ne peut venir à la pensée d'un homme éclairé de mesurer l'intelligence en mesurant l'encéphale.* »

Dans ces termes, l'accord sera toujours facile entre les savants, entre tous les hommes de raison. Malheureusement, entraînée par le courant du jour, l'école anthropologique a depuis longtemps renié le sage enseignement de son maître. Malgré les contradictions qui s'accumulent, en dépit de la logique et des faits, elle prétend qu'une relation rigoureuse relie le poids de l'encéphale à l'intelligence, et que l'esprit est le produit du cerveau. Il est regrettable qu'on ne puisse plus, comme aux temps heureux de la phrénologie, constater sur le vivant cet important caractère. Il y a tant de fortes têtes qui voudraient passer pour intelligentes. Mais, du moins, cette ambition peut être satisfaite après la mort; et on dirait que la *Société d'autopsie mutuelle* n'a été fondée par certains libre-penseurs de nos jours que pour assurer à ses membres la vérification certaine de leurs qualités et de leurs talents. On pèse un cerveau, et du même coup on reconnaît le génie d'un homme. Tel qui a passé inaperçu, ignoré de la foule, avait un talent supérieur qu'on proclame la balance à la main. Qui n'ambitionnerait cette gloire posthume, et qui voudrait refuser son adhésion à la *Société d'autopsie mutuelle?*

Cette Société, en dépit des bonnes et puissantes fées qui ont présidé à sa naissance et protégé son berceau, n'a pas eu de succès : elle végète misérablement et, qu'on nous passe l'expression, ne fait pas ses frais. M. Topinard s'en afflige et n'a qu'une crainte, celle de disparaître avant d'avoir vu sa Société prospère et riche de matériaux. Il remarque malgré tout que l'avenir reste ouvert avec ses promesses. La *Société d'autopsie mutuelle* doit un jour rallier toutes les opinions et conquérir tous les suffrages. Elle est indiquée, nécessaire, car les cerveaux manquent aux laboratoires, et elle en doit être l'habile pourvoyeuse. « Les hôpitaux ne suffisent pas. *Il nous faut* les cerveaux de ceux qui se font habituellement soigner chez eux. » Pourquoi ces cerveaux font-ils défaut? Pourquoi les classes favorisées ne se sontelles pas laissé tenter, pourquoi n'ont-elles pas légué leurs cerveaux à la science? Il est triste de l'avouer, en un siècle de lumière et de progrès, les *bourgeois* ont mal accueilli cette séduction

d'un nouveau genre ; ils ont refusé leur adhésion.
« Les préjugés, déclare M. Topinard, sont encore
trop ancrés dans la nature humaine, pour que la
Société ait produit des travaux considérables. »

Ces travaux en effet sont médiocres. On a pu
réunir à grand'peine quelques cerveaux, dont trois
au moins appartenaient à des inconnus, quoique
matérialistes très décidés, MM. Asseline, Assézat,
Coudereau. Hélas ! la Société posséderait tous les
cerveaux des libre-penseurs du jour, et Dieu sait
s'ils sont nombreux ! qu'elle serait encore loin
d'avoir dans ses balances la mesure des intelligences supérieures.

Tel n'est pas l'avis de M. Topinard. « Un petit
nombre de pesées de cerveaux d'hommes célèbres à
divers titres donne, dit-il, un aperçu de ce que
produit une *activité intellectuelle* plus ou moins
au dessus de la moyenne. » Et notre auteur de
dresser une liste d'hommes d'élite qui paraîtra arbitraire à plus d'un ; il y place, avec des notabi-
lités indiscutables, ses collègues et amis, MM Ber-
tillon, Broca, Asseline, Coudereau, et en retranche
les noms de Cromwell, Byron, Cuvier, etc., dont
les gros cerveaux sont trop supérieurs aux autres
et par suite gênants. Par ce procédé commode, il
réunit trente-quatre cas et conclut sans façon que
les savants ou hommes célèbres ont un cerveau

plus volumineux que les autres, avec un excédant de 150 grammes.

Ces résultats ne sont pas sérieux. La science ne les appuie pas, la passion seule les inspire. La statistique est une science accessoire dont on doit tenir compte, mais elle n'est utile qu'à une condition : celle d'accepter ses données, de n'en torturer, de n'en pas supprimer une seule. Nous avons recueilli les pesées connues des gros et des petits cerveaux, nous les reproduisons plus loin et nous affirmons sans crainte que l'intelligence n'a rien à voir avec le volume cérébral.

M. Topinard persiste dans son erreur et l'aggrave. « Le genre de vie, écrit-il, la profession, les *pensées habituelles*, l'éducation pendant l'enfance et l'adolescence, le mode d'activité cérébrale après vingt et trente ans, l'hérédité dans les familles, sont causes *certainement* de variations dans le poids de l'encéphale. » Et après cette affirmation catégorique, notre auteur ajoute : « Mais, dans cette voie, la science a à peine fait quelques pas. » Quelle contradiction ! N'est-il pas singulier d'entendre un *savant* avancer un fait comme sûr et bien établi et avouer, aussitôt après, son ignorance ?

Mais cette ignorance lui pèse. Il se reprend à déplorer la fatalité qui n'offre à ses balances que des cerveaux vulgaires. Il voudrait tenir dans ses mains ceux des hommes distingués dans tous les genres d'activité intellectuelle et sociale, et il les demande en vain à la *Société d'autopsie mutuelle.* Il le regrette non pas pour lui, mais pour la science.

Si ces cerveaux « de choix » arrivaient en grand nombre au laboratoire d'anthropologie, quels gigantesques progrès n'aurions-nous pas à constater? Chaque capacité serait estimée, chaque genre de talent aurait sa mesure, et, à la seule inspection d'une cervelle, M. Topinard nous dirait avec la certitude d'un devin : « C'est un peintre » ou encore : « C'est un reporter. » Exagérons-nous le sentiment de notre auteur ? Loin de le faire parler, nous le suivons pas à pas. N'écrit-il pas textuellement : « *Les journalistes, les médecins et avocats, les savants ne sauraient pas avoir le même cerveau que les officiers de l'armée, les marins, les artistes ou les industriels.* »

Arrêtons-nous là, et revenons à la science sérieuse. Elle nous apprend que le poids du cerveau est très divers. Les variations sont nombreuses et dépendent de plusieurs conditions, de l'âge, du sexe, de la taille, etc. Avant d'en aborder l'étude, il est bon de connaître le poids moyen.

Chez l'adulte, ce poids est d'environ 1400 grammes (Wagner, Peacock, Broca). Mais tous les auteurs n'acceptent pas cette moyenne. Thurnam l'évalue à 1310 grammes, Topinard à 1350.

L'âge et le sexe ont une notable influence que nous examinerons à part. Celle de la taille n'est pas moins évidente. Elle fait varier le poids cérébral de 4 à 6 pour 100. Enfin il est prouvé que ce poids croît d'une façon très appréciable avec le poids du corps.

Les variations dues aux conditions diverses que nous venons d'indiquer ne compensent pas ensemble celles qu'on doit appeler *individuelles*. Ici les différences sont considérables et sont estimées par M. Topinard à 50 pour 100 du poids moyen. Nous les étudierons dans les chapitres suivants ; et, sans préjuger leur signification, il sera facile de se convaincre qu'elles ne dépendent pas de l'intelligence et n'ont aucun rapport avec son plus ou moins grand développement.

CHAPITRE VIII

LE CERVEAU DE LA FEMME

Le cerveau de la femme est plus petit que celui de l'homme. Cette différence s'accuse dès la naissance : le premier pèse en moyenne 283 grammes, le second 331 grammes (Boyd). Les tables de croissance établissent que l'infériorité féminine se maintient pendant les premières années. De quatre à sept ans, la croissance est plus forte, plus rapide dans le sexe féminin que dans l'autre, et les deux volumes arrivent presque à égalité (1,140 grammes et 1,136 grammes, Boyd). Mais à partir de sept ans, la différence reparaît en faveur de l'homme et va s'accentuant jusqu'à l'âge mûr.

Le cerveau féminin parvient au terme de son accroissement de quatorze à vingt ans. Son poids reste sensiblement stationnaire de vingt à trente ans et diminue ensuite d'une façon lente et progressive.

A l'âge adulte, le cerveau de la femme est inférieur à celui de l'homme d'environ 100 grammes. Cet écart de 8 pour 100 indiqué par Sappey n'est pas accepté par tous les auteurs. « Si l'on se bornait à cette donnée brute, dit M. Topinard, l'illusion serait grande. La femme n'a ni le volume ni la taille de l'homme et ne peut avoir la même quantité de cerveau. » L'objection est spécieuse, et notre auteur n'a pas su éviter de sérieux mécomptes en recherchant le poids de l'encéphale proportionnel au poids du corps ou à la taille. Relativement au premier facteur, la différence est insignifiante : elle est même nulle dans l'enfance et l'adolescence. De vingt à soixante ans, chez l'homme, l'encéphale forme la trente-troisième partie du corps ; il en est la trente-deuxième chez la femme. Par rapport à la taille, le poids du cerveau est notablement inférieur ; et les calculs de M. Topinard évaluent l'écart à plus de 4 pour 100.

L'infériorité de la femme paraît établie. Est-elle indiscutable ? N'est-elle pas très infirmée par les curieuses recherches de M. Sappey. Ce savant a pesé séparément, chez un certain nombre d'individus des deux sexes, le cerveau et les autres organes

nerveux du crâne ; et voici sa conclusion : « L'encéphale présente un poids plus considérable chez
l'homme que chez la femme, et *la différence porte
presque uniquement sur le cerveau. Le cervelet,
l'isthme et le bulbe rachidien diffèrent à peine
d'un sexe à l'autre.* » Pourquoi, chez la femme,
ces derniers organes ne subissent-ils pas un déchet
en poids proportionnel à la taille et à la masse totale ? Ce résultat contredit la thèse de M. Topinard.

De plus, les mesures qui ont servi de base à tous
les calculs, n'ont été prises qu'à Paris, dans des conditions toutes spéciales, sur une classe particulière
de la population. S'appliquent-elles avec justesse à
toutes les classes, aux différentes races, au sexe tout
entier ? Il est impossible de l'affirmer, en présence
des variations extrêmes que signalent les auteurs.

Les différences individuelles sont considérables.
M. Sappey trouve un écart de 228 grammes, l'encéphale féminin le plus lourd qu'il ait observé,
pesant 1,376 grammes, et le plus petit 1,088.
M. Topinard rapporte, d'après quelques observateurs, des chiffres plus étendus encore, variant de
1,587 grammes (Sims) à 538 grammes (Clapham) :
il n'y attache pas une grande valeur. Les registres
de son maître, Broca, qu'il considère par contre
comme très dignes de foi, contiennent des observations allant d'un minimum de 965 grammes à

un maximum de 1,360 grammes. Bischoff a publié une importante statistique, qui comporte encore, après les sévères corrections de M. Topinard, d'un côté des cerveaux de 1,560, 1,543, 1,530 grammes, et de l'autre un cerveau de 950 grammes. En somme, le minimum indiqué par M. Sappey paraît exact; seul, le maximum serait plus élevé et atteindrait le chiffre de 1,500 grammes. Entre ces deux limites, quel vaste champ ouvert à l'étude ! Que de variations à constater, que de problèmes à résoudre !

Le cerveau de la femme n'a pas encore été étudié dans les différentes classes de la société, et il est permis de le regretter. La femme a en effet des conditions d'existence très dissemblables, suivant le rang, suivant les pays. Nous sommes persuadés que son cerveau subit, dans une certaine mesure, l'influence de ses mœurs et que les populations primitives présentent une parité cérébrale à peu près complète dans les deux sexes. Quoi qu'il en soit, la science commence à recueillir quelques données sur un certain nombre de peuples. Si l'on en juge par le tableau suivant, l'égalité tendrait à s'établir entre les différentes races :

34 Anglaises et Écossaises (Peacock)...	1260	gr.
2 Négresses d'Afrique — ...	1232	—
18 Françaises (Parchappe)............	1240	—
13 Allemandes (Wagner).............	1209	—
19 Autrichiennes (Weisbach)...........	1160	—

Si les pesées sont sensiblement équivalentes, elles ne prêtent pas moins à un plaisant commentaire. Quelle contradiction n'infligent-elles pas à la thèse matérialiste ? On déclare que l'intelligence dépend du volume cérébral, et les faits prouvent tout le contraire. L'Autriche et l'Angleterre, deux peuples civilisés, sont séparées par un écart relativement élevé de 100 grammes. Par contre, les négresses d'Afrique, dont personne n'oserait soutenir la supériorité intellectuelle, rivalisent presque avec les Anglaises et ont le pas sur nos aimables compatriotes.

La statistique nous réserve de plus intéressantes découvertes. Ainsi, sur un certain nombre de femmes, M. Davis a estimé le poids très probable du cerveau d'après la capacité cranienne :

Chinoises.......................	1298 gr.
Négresses du Dahomey.......	1249 —
Esquimaudes.................	1247 —
Anglaises...................	1222 —

Ces résultats ne sont pas contestables. Clapham a pesé directement cinq cerveaux de Chinoises et leur a trouvé un poids moyen de 1,293 grammes. Le cerveau d'Esquimaude obtenu par Chudzinski avait un poids de 1,256 grammes.

De tels calculs sont instructifs et doivent être

retenus. Ils déroutent peut-être nos idées courantes, disons plutôt nos préjugés et nos erreurs. Qu'importe ? Ils donnent brutalement la vérité. Ne sont-ils pas décisifs contre le matérialisme et n'enlèvent-ils pas toute autorité à ses affirmations ?

Ils se trouvent admirablement confirmés par les nombreux cubages craniens opérés par Broca, et dont voici quelques moyennes :

Auvergnates.	1445 c.c.
Esquimaudes	1428 —
Chinoises.	1383 —
Corses.	1367 —
Bas-Bretonnes.	1366 —
Basques espagnoles.	1356 —
Parisiennes.	1337 —

La concordance parfaite des chiffres ne laisse aucun doute sur l'importante vérité qu'ils expriment, et qu'on peut traduire simplement en ces quelques mots : *Aucun rapport ne relie l'intelligence au poids cérébral.* Il y a là de quoi satisfaire la lectrice la plus susceptible qui aurait jeté les yeux sur les pages précédentes.

M. Topinard, lui, n'a pas d'excuse et met par sa thèse favorite l'amour-propre des Françaises, des Allemandes, des Anglaises mêmes à une cruelle épreuve. Il n'en a cure et fait décidément passer ses idées avant la galanterie traditionnelle : que ne craint-il pas la vengeance de celles qu'il blesse bien gratuitement dans leur légitime orgueil ?

D'ailleurs le sexe faible n'est pas gâté par le savant anthropologiste et aurait tort d'en attendre le moindre égard. A tout propos, M. Topinard lui décoche quelque trait perfide lui rappelant sa faiblesse, son infériorité. « Le cerveau féminin, écrit-il, doit être traité avec des précautions toutes particulières, et il ne résisterait pas à une éducation *dépassant ses forces cérébrales.* »

Ailleurs il établit gravement qu'un gros cerveau est beaucoup moins dangereux chez l'homme que chez la femme, parce que celle-ci est la faiblesse même et « *ne peut se défendre* contre son hypertrophie cérébrale. » M. Topinard s'abuse lui-même sur la crédulité de ses lecteurs, s'il croit leur inculquer de pareilles théories, qui sont, disons-le hautement, de grossières hérésies scientifiques. Il sait bien que l'intelligence féminine se distingue par des qualités natives exceptionnelles, et qu'à tout prendre, elle vaut la nôtre ; il sait encore que quelques grammes de matière nerveuse ne suffisent pas pour constituer à notre profit un monstrueux privilège. Allons, savant confrère, nous sommes plus libéraux que vous, et nous vous rappelons que notre antique foi, d'accord avec la science, nous fait considérer la femme comme l'égale de l'homme.

5

Beaucoup de savants matérialistes suivent le sentiment de M. Topinard et vont répétant que l'intelligence féminine est inférieure à la nôtre, parce que nous avons plus de cervelle. Cette raison est-elle sérieuse, basée sur les faits? Nullement; et M. Sappey le prouve en montrant que « les variations individuelles l'emportent très notablement sur les variations sexuelles, et que ces dernières s'effacent en grande partie devant les précédentes. » Le savant professeur tire de là une conclusion qui sera la nôtre. « Bien que l'encéphale soit plus considérable dans le sexe masculin, dit-il, il faut admettre comme un fait également démontré, *qu'un très grand nombre de femmes peuvent avoir et ont en effet une masse encéphalique d'un volume supérieur à celui de beaucoup d'hommes.* »

CHAPITRE IX

Le cerveau de l'illustre Georges Cuvier était énorme. C'est, on peut le dire, le type des gros cerveaux. Pendant longtemps il a été cité comme exemple à l'appui de la thèse aventureuse que nous combattons et qui mesure l'intelligence au poids de la masse cérébrale. A ce seul titre il mérite d'attirer notre attention.

Assurément Cuvier s'est distingué par une haute intelligence : c'est un savant dont les immenses travaux font autorité, dont la France a le droit de s'enorgueillir. Mais les gros cerveaux ne sont pas l'apanage des grands esprits : la science contemporaine le démontre. Aussi les matérialistes se trouvent-ils en contradiction avec eux-mêmes : le cerveau de Cuvier, qui constituait naguère pour eux un argument de premier ordre, est mis de côté et volontiers traité avec indifférence, sinon avec dédain. On discute même son poids, on le met en doute.

Le cerveau de Cuvier pesait 1,830 grammes. Ce chiffre est fourni par Bérard qui participa à l'autopsie et tint lui-même la balance. Il paraît donc absolument certain. On l'a cependant contesté. S'il n'est pas exact, il n'est pas exagéré et serait plutôt au-dessous de la vérité. En effet un savant présent comme Bérard à l'autopsie, Emmanuel Rousseau, affirme qu'on trouva au cerveau du savant naturaliste un poids de 1,861 grammes; et son chiffre a été retenu par plusieurs auteurs, notamment par Gratiolet. Qu'on s'en tienne à ce dernier chiffre ou qu'on garde celui de 1,830 grammes, il demeure acquis par le rapport même des savants, témoins de la pesée, que le cerveau de Cuvier était très gros et que son poids dépasse de beaucoup le chiffre moyen et normal. Ce point bien établi, il nous reste à voir que les cerveaux volumineux ne sont pas aussi rares qu'on le croit et qu'ils se rencontrent également chez des savants et des ignorants, dans la classe élevée de la société comme dans la plus inférieure.

Un des cerveaux les plus forts est celui du poète

russe Tourgeniew. Son poids, très rigoureusement obtenu, 2,020 grammes, ne peut faire l'objet d'une contestation, quelque énorme qu'il soit. « *Rien n'explique un chiffre pareil* », dit avec une rare ingénuité M. Topinard. Il faut reconnaître que ce savant anthropologiste manque complètement de tendresse pour les poètes et semble croire que le génie est l'apanage exclusif des hommes de science. Byron tient cependant le premier rang avec un cerveau de 2,238 grammes. Le cas de l'illustre poète désespère notre auteur qui concluerait volontiers à la folie : « Il fait songer, dit-il, qu'on a souvent présenté *le génie poétique* comme *un délire physiologique*. » Nous le demandons à tout esprit sincère et réfléchi, est-il possible de traiter la science aussi légèrement, de braver la raison avec plus d'audace? L'idée préconçue, la théorie vaine passent avant les faits les mieux établis. Telle vérité gêne : on la supprime, ou, ce qui est pire, on la mutile. Ici le rôle de la science, de la vraie science est bien simple : elle ne connaît pas les relations du cerveau et de l'intelligence, elle n'explique pas ce qu'elle ignore, elle trouve des chiffres et se contente de les inscrire.

Le cerveau de Cromwell (2,231 grammes) ne provoque pas d'étonnement. Pourquoi? N'est-il pas aussi gros que les précédents? Le grand agitateur n'était pas poète, c'est vrai; mais sa vie fourmille de traits originaux et fantasques qui permettent de le considérer comme un rêveur. N'insistons pas et arrêtons-nous à une hypothèse, qui est peut-être une bonne raison pour M. Topinard. La politique, et surtout la politique révolutionnaire, n'agrandirait-elle pas les cerveaux comme les idées?

Le cerveau de Cuvier (1,830 grammes), nous l'avons dit, n'est pas traité avec faveur et donne lieu à de singuliers commentaires. « On dit qu'il a été hydrocéphale dans son enfance. Plus tard, à côté de l'esprit d'observation et de l'activité intellectuelle prodigieuse dont il a fourni tant de preuves, on aperçoit chez lui des *faiblesses d'esprit*, des *traits d'infériorité cérébrale* que l'on aurait peine à comprendre autrement. Cuvier a été l'homme de travail dont la France s'honore, *malgré la masse de substance cérébrale qu'il possédait*, et a peut-être côtoyé le plus grand écueil qu'un homme puisse redouter. » Autrement dit, notre Cuvier avait tout ce qu'il faut pour être un grand maniaque : s'il n'est pas devenu fou, c'est par un heureux hasard.

De telles assertions ne sauraient passer sans être combattues : elles appellent une protestation indignée. Elles ne s'appuient du reste sur aucune preuve. Jamais on ne croira que Cuvier ait été porteur d'un cerveau malade ni qu'il ait côtoyé la folie. Il a pu avoir des défaillances : quel homme en est exempt? Son esprit n'en a pas moins été des plus nets, des plus lumineux, des plus vastes : il fait honneur à notre pays, à notre siècle, à l'humanité tout entière. D'ailleurs à quelles contradictions se heurte M. Topinard? En admettant que le cerveau soit l'organe producteur de la pensée, pourquoi son développement au-delà de certaines limites cesserait-il d'être favorable à l'intelligence et constituerait-il une cause d'aliénation mentale? Quelles seraient ces limites mêmes, et qui les garderait de l'arbitraire? *La matière est pensante ou elle ne l'est pas* : dans l'affirmative, jamais sa quantité ne saurait être un danger, ni une cause d'infériorité. De plus nous verrons plus loin qu'il n'existe aucun rapport entre la folie et la grosseur du cerveau.

La supériorité de Cuvier n'en est pas moins gênante. On la sait incontestable, on se garde de la combattre ouvertement, on se contente de l'ébranler. Elle n'est pas si éminente, dit-on, qu'elle ne se puisse comparer à celle de plusieurs savants contemporains : on peut, on doit l'apprécier à sa juste valeur, sans tenir compte de son énorme cervelle. « Quel que soit le génie de Cuvier, dit M. Topinard, on ne peut dire qu'il soit au-dessus d'Agassiz ou de Broca *dans des proportions matérielles équiva-*

lant à 345 et 317 grammes de matière cérébrale en plus. »

La proposition paraît claire ; la pensée qu'elle exprime ne l'est pas et prête singulièrement à l'ambiguïté. M. Topinard voudrait-il reconnaître avec nous que l'esprit est indépendant du cerveau et qu'il est insensé de prétendre l'estimer au poids de la matière cérébrale ? Tout au contraire il émet là avec une crudité révoltante la thèse matérialiste et en trouve l'application.

Cuvier, d'après notre auteur, est un grand savant, mais sa valeur a été surfaite ; sa capacité intellectuelle est moins éloignée de celle de notre contemporain Broca, que la cervelle de ce dernier n'est distante de la sienne par le poids. Le cerveau de Broca est normal, celui de Cuvier est hypertrophié au-delà de la limite *permise*, il rentre dans le domaine pathologique.

Selon M. Topinard, nous l'avons vu, les gros cerveaux, toujours exceptionnels, sont plus ou moins malades, le génie et la folie ont de nombreux points de rapprochement ; la supériorité cérébro-psychique consiste dans une bonne moyenne. Faut-il le répéter ? Tout ceci n'est qu'une vue de l'esprit, une simple hypothèse, sortie d'une imagination féconde, mais que la science est loin d'appuyer : tous les faits la contredisent.

Gardez-vous bien, mortels que l'ambition dévore, d'avoir ou de souhaiter le cerveau de Byron ou même celui de Cuvier, soyez modestes et prudents, contentez-vous du cerveau de M. Asseline ou d'autres libres-penseurs. Ceux-là sont dans la limite juste et convenable : *ils n'ont pas trop de cervelle.* C'est leur confrère et ami, M. Topinard, qui l'affirme, et nous le croyons sur parole. « Un cerveau hypertrophié, écrit-il, qu'il soit cause ou effet d'une activité d'un ordre quelconque, est un *périlleux honneur.* « Une tête ni trop grosse ni trop petite annonce, toutes choses égales, un esprit beaucoup plus parfait qu'une tête disproportionnée », disait Lavater. « Ce ne sont pas les individus à grosse tête et à gros cerveau qui sont les plus remarquables soit par l'universalité, soit par la supériorité spéciale de leur esprit », ajoute Desmoulins. Une *bonne moyenne* ou un *exhaussement modéré,* soit d'environ 100 grammes au-dessus de la normale de la classe qui fréquente les hôpitaux, *voilà ce que l'on peut désirer.* Avec davantage on sera plus brillant (?), mais on courra des risques (??). Broca était dans les bonnes conditions : son cerveau pesait 1,484 grammes. »

Le chapitre suivant sur les petits cerveaux fera pleine justice de cette thèse erronée. Mais dès maintenant que d'objections, que de réserves se pressent sous la plume? Au chirurgien Broca, de notoriété modeste, n'est-il pas permis d'opposer l'illustre chirurgien Dupuytren? Celui-ci n'a pas mesuré de crânes, n'a pas inventé notre descendance simienne, mais sa gloire vaut bien celle de l'anthropologiste : il a laissé un nom impérissable. Son cerveau ne pesait que 1,436 grammes. — C'est un poids encore inférieur à celui (1,445 grammes) trouvé par Broca lui-même sur une série de « 20 sujets ayant succombé à une mort violente, parmi lesquels se trouvaient quelques criminels et suicidés. » Ainsi les *criminels* rivalisent avec les grands hommes au point de vue du poids cérébral. Quoi d'étonnant? vous dira M. Topinard. Ne sont-ils pas plus ou moins *aliénés?* « Il ne faut pas avoir l'esprit sain pour se mettre en désaccord avec les lois que l'on a acceptées en signant le contrat qui vous admet dans la société... *L'activité pathologique et l'activité physiologique se côtoient, l'une conduisant à l'aliénation et parfois à l'échafaud, l'autre conduisant au génie et à la gloire.* »

Ainsi notre auteur ne craint pas d'établir une relation étroite et rigoureuse entre le crime et la folie. « De l'aliéné accidentel à l'assassin, écrit-il, *il n'y a pas loin.* » On pressent les graves conséquences qui découleraient de ces étranges principes, s'ils avaient cours dans la science, s'ils étaient admis en jurisprudence. Ce serait le renversement de tout le code pénal, de la justice de nos tribunaux. La responsabilité humaine disparaîtrait, les châtiments seraient supprimés, la cellule pénitentiaire ferait place au cabanon. Il n'y aurait plus de coupables. La loi ne verrait que des malades, dignes de pitié et susceptibles de bons soins. Heureusement la théorie nouvelle controuvée et sans base, n'est pas près d'avoir force de loi. Les criminels ont le temps d'attendre leur sauveur, les prisons ont encore de beaux jours.

Des criminels aux suicidés, M. Topinard ménage une transition facile, presque insensible. « Les suicidés, écrit-il, sont des esprits forts par exception, mais en général des esprits faibles, qui n'ont pas en eux la force de réagir contre une situation et de prendre une détermination virile. » Ce sont des détraqués, des fous. Leur cerveau en fournirait la preuve; et l'on cite celui d'une étudiante en médecine qui présentait un fort volume et qui, pesé par M. Farabœuf, fut estimé à 1,580 grammes. « Cette étudiante, croyant avoir échoué à un cinquième examen de doctorat, se suicida, après avoir légué son cerveau afin qu'il fut examiné. Elle n'avait jamais présenté d'autre trouble d'intelligence et avait fait preuve même d'aptitudes exceptionnelles chez une femme. » M. Topinard voit là une confirmation de sa thèse et s'écrie avec conviction : « N'est-ce pas le moment de rappeler ce que nous avons avancé, qu'une hypertrophie cérébrale a au moins autant d'inconvénients que d'avantages : *elle favorise le travail intellectuel*, mais elle expose à des déviations de toutes sortes. Chez l'homme, qui a pour contrepoids sa volonté et son pouvoir de maîtriser les impulsions insolites, *cette hypertrophie est moins dangereuse*. Mais chez la femme, dont la caractéristique est la faiblesse, faiblesse dont la manifestation protéiforme la plus apparente constitue l'hystérie, *elle est une menace*. Byron, avec sa vive impressionnabilité, a *pu se défendre contre son hypertrophie cérébrale; la pauvre fille ci-dessus a été emportée par elle*, dès l'âge adulte. »

Voilà d'étonnantes affirmations. Nous renonçons à les contredire, nous contentant de cette seule remarque. Un individu est porteur d'un gros cerveau. Comment peut-il se défendre contre son hypertrophie nerveuse ? Avec quels moyens résistera-t-il à ses impulsions ? Avec sa raison, dira-t-on. Mais la science matérialiste enseigne que la raison, loin d'être indépendante du cerveau, n'est qu'une propriété de tissu, un produit organique. Dans l'organisation, telle que l'entendent nos adversaires, il n'y a pas de place pour la spontanéité de l'esprit : *tout est fatal.* Enfin pourquoi la résistance qui serait efficace chez l'un serait-elle impuissante chez l'autre? Autant de questions qui n'ont pas de solution et restent sans réponse.

Le cas de l'étudiante se résume pour nous en deux faits sans aucune corrélation : elle s'est suicidée; elle avait un gros cerveau. Il est clair que son intelligence n'était pas en proportion de son volume cérébral, et que son suicide a été volontaire.

Notons que les gros cerveaux se rencontrent chez les sujets les plus divers, à tous les degrés de l'échelle sociale. Ils ne figurent que par exception dans les listes, hélas! de plus en plus longues des suicidés. Enfin le poids de 1,580 grammes, quoique rare, s'est déjà rencontré chez la femme. Boyd l'a trouvé deux fois chez des jeunes femmes très saines d'esprit. Sims signale un poids de 1,587 grammes sur une femme de soixante-trois ans également indemne.

Les faits démontrent que les gros cerveaux n'appartiennent pas de droit soit au génie, soit à la folie. M. Sappey, dont l'autorité fait loi en ces matières, a trouvé aux hôpitaux de Paris, chez un homme de trente ans, un cerveau de 1,510 gr. Voilà un poids supérieur à celui de la cervelle de Broca, d'Asseline et de beaucoup d'autres : il n'offre aucune indication positive. Au fameux cerveau de

Cuvier (1,831 grammes) on peut opposer celui de 1,842 grammes trouvé par M. Sanford B. Hunt pendant la guerre d'Amérique, sans s'arrêter à l'amusante réflexion de M. Topinard : « *Evidemment ce cerveau était pathologique ou appartenait à quelque Cuvier ignoré.* » Aujourd'hui il n'y a plus de doute : les deux propositions se valent. Cuvier n'était-il pas *un faible d'esprit ?*

Les cerveaux d'aliénés, M. Topinard est forcé de le reconnaître, sont de poids très variable. Parchappe affirme que leur pesée donne des résultats tantôt supérieurs, tantôt inférieurs à la moyenne normale. « Si l'on consulte les moyennes de Boyd et qu'on oppose ses 521 aliénés à ses 2,000 et quelques sujets sains, on ne découvre que des contradictions à chaque âge et dans les groupes suivant les sexes. Peacock, qui a pesé 183 cerveaux d'aliénés et 315 cerveaux sains à Edimbourg et qui tient compte des âges dans le parallèle qu'il en trace, n'aboutit aussi qu'à des contradictions. » Dans la *paralysie générale* qui est la forme de folie la plus fréquente de nos jours et a une marche rapide, le poids moyen serait de près de 1,300 grammes (Bra). C'est à peu près celui que donne le calcul pour les individus sains. Il serait donc téméraire de formuler aucune conclusion.

Parmi les plus gros cerveaux signalés, mentionnons encore les suivants :

Manouvrier (Bischoff)	1925 gr.
Briqueteur (Morris)	1900 —
Epileptique (Buchnill)	1830 —
Abercrombie (Wagner)	1785 —
Tailleur (Peacock)	1778 —
Forgeron (Reid)	1770 —

Ces chiffres sont éloquents et justifient la sage proposition qu'émet M. Topinard et qui clôt le débat : « *L'encéphale atteint des proportions extraordinaires dans les conditions les plus opposées* : chez de simples manouvriers, et autres professions n'exigeant que de la force musculaire, chez des aliénés, chez des savants de premier ordre, chez des géants. »

CHAPITRE X

LES PETITS CERVEAUX — LE CERVEAU DE GAMBETTA

Les savants matérialistes ne sont pas égalitaires, on le sait. Leur orgueil est immense. Ils nourrissent un étrange dédain pour le peuple, et, après lui avoir « prouvé » qu'il n'est qu'une *bête*, ils lui démontrent avec ampleur que ses organes mêmes sont inférieurs aux autres. Ils ont la prétention d'être supérieurs au commun des mortels par l'intelligence... *et par le cerveau*. Nous avons vu que, pour M. Topinard, les savants ou les hommes célèbres ont un cerveau plus volumineux, avec un excédant de 150 grammes.

Cette proposition n'a pas réussi à nous tromper. Établie sur quelques cas soigneusement triés, elle n'a aucune valeur. Elle n'a pas tenu longtemps, du reste ; M. Topinard le constate avec un douloureux regret. « Il y a un an, écrit-il en 1885, elle ne souffrait aucune objection ; on l'eût trouvée au-dessous de la vérité. *Mais, depuis, s'est passé un événement dans l'histoire du poids de l'encéphale. Un homme à la puissante envergure, qui a sauvé la France et la République, un profond politique, l'un de nos grands orateurs, Gambetta est mort. Son cerveau, pesé de suite,* mais après qu'un liquide astringent avait été poussé dans ses artères pour l'embaumer, *n'a donné que 1,160 grammes. Quel était son poids réel?* De toute façon, c'est un chiffre faible qui porte atteinte à la proposition précédente. »

L'échec est lamentable, la déception cruelle ; et l'on comprend, sans la partager, la douleur de M. Topinard. Mais le poids du cerveau d'un homme, même d'un Gambetta, mérite-t-il une rhétorique aussi pompeuse? A-t-il une telle valeur qu'un chiffre soit impuissant à le traduire? Dans une vulgaire pesée, doit-on voir un événement considérable, destiné à révolutionner l'histoire, la science? Nous ne le pensons pas.

D'ailleurs, si, dans une telle circonstance, une parole de condoléance était de mise, nous pourrions suggérer à M. Topinard l'axiome fameux : *Testis unus, testis nullus* Un cas isolé, exceptionnel, ne saurait suffire à infirmer une loi bien établie.

Malheureusement, celle de notre savant n'est pas solide ; lui-même nous fournit des arguments contre elle, et les contradictions la poursuivent partout sur le terrain des faits.

Ne refusons pas de reconnaître qu'à lui seul, le cas de Gambetta donne un coup fatal à la thèse matérialiste. Gambetta, en effet, sans avoir été le sauveur que l'on dit, sans avoir été le génie qu'on déclare, fut un *homme intelligent*. Il est mort en pleine maturité, dans la force de son talent et de ses hautes facultés ; il n'a été alité que quelques jours. Toutes les conditions sont réunies pour donner à l'autopsie, et particulièrement à la pesée cérébrale, une incontestable valeur. Si elle était fondée, la thèse matérialiste devait trouver une confirmation éclatante dans le cerveau du fameux tribun : elle y a rencontré la plus irrémédiable des défaites. Au lieu du gros cerveau qu'on attendait, qu'a-t-on vu ? Un organe non pas moyen, mais petit, presque infime, d'un poids très inférieur non seulement à la moyenne européenne, mais à toutes les moyennes connues, celle des Chinois comme celle des nègres. La démonstration nous semble péremptoire : il n'y a pas de rapport entre le degré de l'intelligence et le poids du cerveau.

Le cerveau de Gambetta constitue le type des petits cerveaux. Ces cerveaux sont en grand nombre, plus abondants même que les gros; le chiffre des moyennes le prouve. Toutefois, la plupart des auteurs, assez disposés à admettre sans distinction les cervelles volumineuses, éliminent volontiers la catégorie de celles qui sont les plus petites et atteignent un notable minimum. Pour eux, tous ces organes dont le poids ne dépasse pas un certain chiffre, sont forcément malades et appartiennent à des imbéciles, à des idiots : ils doivent être rejetés de toute étude de l'encéphale sain et normal. M. Topinard n'a pas de peine à établir que cette conclusion est non seulement forcée, mais fausse. Il rappelle que la moyenne de cinq cas d'idiotie observés par Bra chez l'homme, est de 1,264 grammes. « Chez les dix idiots de vingt-quatre à quarante-sept ans, dont les observations ont été publiées par Lélut, la moyenne est de 1.218; le plus faible poids est de 975, le plus fort de 1,380; ce qui prouve qu'*avec un poids satisfaisant*, on peut être idiot. Il reste à savoir quels accidents ont amené à l'amphithéâtre ce cerveau de 1,380, chez un sujet de trente-sept ans. Sur quatorze idiots également du sexe masculin, observés par Thurnam, la moyenne est de 1,190. Sur cinquante de Down, cités par Thurnam, la moyenne est de

1,211 ; mais les deux sexes étant réunis et les âges de cinq à trente-trois ans confondus, elle perd beaucoup de sa valeur (1). Un cas cependant y est à retenir : celui d'un homme de vingt-deux ans, dont l'encéphale pesait 1,404.

» Crochley Clapham a été plus loin ; il a trouvé un idiot chez lequel le poids allait à 1,530, et qui n'était pas épileptique. Ces exemples prouvent que, sous le nom d'idiot, on confond des choses différentes, et que la dénomination est *compatible avec un poids assez élevé du cerveau*, comme d'autres fois elle s'accompagne de poids très inférieurs. »

Voilà une constatation très catégorique, qui ne laisse pas place au doute. Elle concorde d'ailleurs absolument avec le résultat des pesées cérébrales qui ont été faites dans les asiles d'aliénés. Que les individus aient leur raison ou qu'ils l'aient perdue ; qu'ils soient idiots, imbéciles, fous ou intelligents, leur cerveau peut présenter les dimensions les plus variables, les poids les plus divers : il est gros, moyen, petit, sans aucune proportion, sans aucune règle.

(1) Est-ce exact ? Les femmes et les enfants éliminés, n'est-il pas présumable que la moyenne serait notablement plus élevée ?

Un simple rapprochement en dit plus que les plus savants raisonnements.

Opposez, par exemple, au cerveau d'un homme intelligent comme Gambetta, le cerveau d'un idiot avéré comme un de ceux de Thurnam. Sont-ils dissemblables, frappés au coin d'un type particulier et spécial? Nullement. Ils ont à peu près le même volume. L'idiot l'emporterait même légèrement sur le politique : son cerveau pèse 1,190 grammes, l'autre n'atteint que 1,160 grammes. Quoi de plus frappant que ce rapprochement? quoi de plus propre à dessiller les yeux aux plus aveugles, à convaincre le matérialiste le plus ferme et le plus obstiné?

Le poids cérébral est variable. Si les auteurs ne sont pas d'accord pour composer la table de ses variations, tous signalent des cerveaux d'un très petit volume. Ainsi, M. Sappey, toujours rigoureux dans ses mesures, note chez un vieillard de soixante-quinze ans un cerveau de 1,062 grammes. Reid, dans une série de 154 cas, a trouvé un minimum de 963 grammes, chez un soldat de quarante-trois ans. Parchappe, pour une série équivalente, donne un minimum plus élevé : 1,187 grammes. Le cerveau le plus petit de la série de Peacock appartenait à un cultivateur de vingt-six ans et pesait 1,077 grammes. Le plus petit de Bischoff, chez un homme de soixante-six ans, a 1,018 grammes. Sharpey, en écartant en bloc de sa liste tous les microcéphales, trouve encore un cerveau de 963 grammes, qu'il considère comme absolument normal. Enfin, Boyd signale un poids de 864 grammes.

M. Topinard, qui nous initie aux mesures de ces différents savants, reproche à presque tous de confondre dans la même série les cas les plus divers, de ne pas tenir compte de l'âge et de la maladie, qui sont d'importants facteurs du problème. Par contre, il trouve son maître Broca trop sévère et trop méticuleux dans le choix de ses sujets. « Les statistiques de Broca, écrit-il, seraient la perfection si le nombre n'en était pas restreint, précisément à cause de la sévérité avec laquelle il écartait tout ce qu'il pouvait suspecter d'anormal ou de maladie propre du cerveau. Elles ont été recueillies dans deux sortes d'hôpitaux... Toutes ses pesées, transcrites sous sa direction, proviennent de sujets qu'il a connus et soignés. C'est donc avec une entière connaissance de cause qu'il a procédé au rejet de certains cas et à l'admission de certains autres. » Dans ces conditions, en prenant les chiffres de Broca, on est sûr de ne pas tomber dans le domaine de la fantaisie, encore moins dans l'erreur. Or, comme les autres anthropologistes,

Broca relève des chiffres très inférieurs. Ainsi, il signale un cerveau de 940 grammes chez un homme de cinquante-huit ans, un autre de 915 chez un homme plus âgé. Des hommes en pleine maturité ont des cerveaux de 1,100 grammes; des jeunes gens ne dépassent pas 1,200 grammes, et des vieillards descendent à 1,000.

Où nous cessons de suivre M. Topinard, fidèle commentateur de son maître, c'est quand il sort du terrain expérimental et veut fixer un *minimum* de poids normal. Après tout ce que nous venons de voir, sa prétention est singulière : elle est contraire à la logique et ne résiste pas au sens commun.

Il est facile d'imaginer une ligne de démarcation; il l'est moins de la trouver. On l'établira sur le papier, mais non sur les faits. Quoi qu'on fasse, elle sera toujours absolument arbitraire, sujette à mille contestations, variable et par suite impossible à maintenir. Vogt et d'autres savants croyaient la posséder quand ils considéraient tous les microcéphales comme des idiots. Nous avons combattu plus haut leur thèse, et nous avons été heureux d'avoir pour nous l'opinion de M. Topinard. Celui-ci, préoccupé de sa nomenclature, n'en réclame pas moins « une limite entre les petits *cerveaux normaux* et les *petits cerveaux anormaux*, ou du moins ceux auxquels on est en droit de donner cette épithète sans qu'il faille en conclure qu'ils soient pathologiques. » Et notre auteur « considère définitivement comme variations anormales toutes celles au-dessous de 1,000 grammes. » Remarquons que son maître, plus large, a fixé le minimum normal à 940.

Nous estimons, pour notre compte, qu'un cerveau sain et bien conformé, quelque petit qu'il soit, est toujours normal, et nous n'en voulons pour preuve que le fait suivant relaté par M. Topinard : « A la dernière insurrection en Nouvelle-Calédonie, un sorcier de petite taille, métis d'une race aux cheveux droits et de la race mélanésienne, exerçait une grande influence sur le chef de l'insurrection, Ataï, et concourait à la lutte. Le poids de son cerveau, conservé dans l'alcool, estimé à 835 grammes, en faisait un microcéphale. » Pourquoi ce cerveau serait-il considéré comme anormal ?

Ce qui est vrai et ce qui rend toute démarcation arbitraire, toute nomenclature impossible, c'est l'extrême variabilité du poids cérébral, variabilité souvent individuelle, mais aussi souvent liée à des conditions d'âge, de sexe, de race et de taille. Nous avons déjà étudié ces conditions ; arrêtons-nous seulement à celle de la taille.

« Dans l'état de la science, écrit M. Topinard, la

taille est le meilleur terme de comparaison pour faire la part de la différence qui de droit existe dans le poids du cerveau entre la race boschimane et la race norvégienne, par exemple, entre l'homme et la femme, entre le géant et le nain. » Il est certain qu'un écart de 50 à 100 grammes d'encéphale, pour une différence de 20 centimètres de taille, est très appréciable, alors surtout qu'on voit s'y joindre d'autres écarts dus à des conditions différentes. On ne peut s'attendre à trouver chez un nain un cerveau aussi volumineux que chez un homme de grande taille : le viscère n'en est pas moins sain et normal dans les deux cas. Comme le dit très bien M. Topinard, « *on peut posséder un volume extrêmement abaissé du cerveau, tout en vaquant aux occupations habituelles de la vie, sans mériter le titre même d'imbécile*. Témoin un certain nombre de nains de la plus petite espèce, comme le général Tom Pouce, qui gérait lui-même ses propriétés en Amérique; le gentilhomme polonais Barwilowski, « doué d'une remarquable intelligence »; le nain Bébé et autres. »

Ce seul exemple démontre bien que le poids cérébral ne comporte pas de minimum et que, fort ou faible, il n'exerce aucune influence sur les phénomènes intellectuels.

CHAPITRE XI

LE CERVEAU DU SINGE

De tous les animaux, le singe est celui dont la constitution physique est la plus élevée et se rapproche le plus de la nôtre : dans la classification naturelle, il occupe la première place après nous. Sa vie mouvementée a toujours vivement excité l'intérêt et la curiosité. Son éducation est facile et peut se mener très loin : des traits étonnants abondent qui révèlent un instinct supérieur. On ne se lasse pas de regarder ses tours, ses manières, ses ruses, on s'intéresse à son jeu, on admire sa malice, on s'étonne de cette puissance d'imitation qui dirige tous ses actes. En vérité cet étrange animal a des facultés qui déconcertent et semblent copiées sur les nôtres : c'est, on le dirait, la grotesque contrefaçon de l'homme.

Depuis que la libre-pensée a fait du singe notre ancêtre ou tout au moins notre parent, l'intérêt qui s'attache à son étude a singulièrement grandi et a pris un caractère grave et scientifique. Il ne s'agit pas de savoir si le singe est un agréable objet d'amusement, mais il faut décider de la nature vraie de notre ressemblance et particulièrement des affinités que le cerveau de cet animal présente avec le nôtre. Ce sera le très important objet de ce chapitre.

L'enveloppe osseuse du cerveau, le crâne, appelle d'abord notre examen. Voici, d'après M. Topinard, les volumes respectifs des crânes humains et simiens :

Homme européen, moyenne........	1500 cent. cub.	
16 gorilles	—	531 —
3 orangs	—	439 —
7 chimpanzés	—	421 —

« On voit par cette liste, ajoute notre auteur, que la capacité de la cavité cranienne et, par conséquent, le volume de l'organe qu'elle renferme s'accroissent peu et graduellement chez les animaux, mais tout à coup et d'une façon prodigieuse en passant à l'homme. Or ces animaux sont sensiblement de même volume que celui-ci.

« Si les trois anthropoïdes sont un peu plus petits de taille, ils sont plus gros de membres, de tête, de thorax et surtout d'abdomen ; le gorille spécialement est énorme, et devrait, toutes choses égales, avoir plus de capacité cranienne que l'homme.

« Et cependant, par rapport à celui-ci, le chimpanzé n'en a que 38.06 pour 100, l'orang 29.26 et le gorille 35.40... Il en résulte de la façon la plus évidente que ces trois anthropoïdes ont trois fois moins de cavité cérébrale que l'homme. Nous ne craignons pas d'ajouter qu'en tenant compte de la masse du corps, ce n'est pas trois fois, mais quatre fois, cinq fois moins qu'il faudrait dire. »

Ici notre savant matérialiste fait le bon apôtre, et il serait regrettable de ne pas publier ses excellents sentiments : « Une première et *très suffisante* distinction, écrit-il, nous apparaît entre l'homme et l'animal qui s'en rapproche le plus. Nous avons trois ou quatre fois plus de cerveau, *trois ou quatre fois plus de matière pensante !*

» La suprématie que nous assurent nos très hautes facultés intellectuelles nous est *confirmée* par la réalité d'un développement exceptionnel de l'organe qui en est le siège.

» L'anatomie nous fournit du premier coup *une puissante caractéristique qui a de quoi satisfaire les défenseurs les plus jaloux des prérogatives humaines et les consoler des déceptions*

6.

qu ils rencontrent sur des points de moindre importance ! »

N'en déplaise à M. Topinard, nous ne sommes
pas satisfaits ; nous ne le sommes pas des résultats
qu'il signale, nous le sommes encore moins des
sophismes qu'il y joint. Il invente, pour le besoin
de sa cause, une *matière pensante*, il ne la démontre pas : les deux termes sont opposés et contradictoires. Il attribue, très peu scientifiquement,
de l'importance à une question de volume qu'il
sait insignifiante. Jamais en histoire naturelle, en
physiologie surtout, la grosseur d'un organe n'a
eu l'importance qu'il indique : c'est, tous les savants
le déclarent, un caractère secondaire, très inférieur
même à celui de la forme. Les chapitres précédents
ont surabondamment établi cette vérité pour le
cerveau dont les variations de poids sont extrêmes
et sans indication positive.

Ainsi la différence énorme de volume qui existe
entre le cerveau des grands singes et le nôtre nous
laisse froid, sinon indifférent. Notre prérogative, à
laquelle M. Topinard daigne s'intéresser, serait
mal assurée et très compromise, si elle n'avait que
cette base pour s'établir ; elle s'appuie heureusement sur un élément, d'autre importance, qui,
celui-là est hors de contestation, sur cette intelligence qui nous distingue de la bête et fait notre

incomparable grandeur. Il ne s'agit pas là, bien entendu, de *matière pensante*, mais d'une *substance spirituelle* qui se sert du cerveau sans être produit organique ni fonction cérébrale.

L'étude des cerveaux simiens confirme les données précédentes. Ces organes, comme toujours, sont beaucoup plus difficiles à recueillir que les crânes : ils sont très rarement observés à l'état frais. Toutefois Owen a pesé une cervelle de gorille et lui a trouvé 425 grammes. M. Broca de son côté estime que ce poids peut atteindre 540 grammes. Enfin M. Topinard « fixe la moyenne au-dessous de 475 grammes chez le gorille et bien plus bas pour l'orang et le chimpanzé. » Il y a loin de ces chiffres à ceux que donne le moindre cerveau humain. Rien n'est plus vrai ; mais l'écart n'est-il pas plus considérable encore entre les différents cerveaux humains, entre celui qui pèse 1000 ou 1100 grammes et celui dont le poids atteint 1800 ou même 2000 grammes ?

Nous le répétons, le volume du cerveau est un caractère trop insignifiant pour nous arrêter. Sa forme a déjà plus d'importance. La morphologie présente toujours un vif intérêt, et ses indications ont une grande valeur pour la classification. Les énergies vitales ne se traduisent-elles pas par les formes qu'elles impriment aux corps, et à son tour la structure ne révèle-t-elle pas l'idée directrice de la vie?

Comparons donc, à la suite des auteurs, le cerveau simien au cerveau humain. La forme générale est identique ; le plan est le même, les principales dispositions se retrouvent. C'est en vain que naguère des savants bien intentionnés se sont ingéniés à signaler des différences, à trouver une caractéristique de l'homme : l'observation, une observation plus attentive, les a contredits. Toute la conformation cérébrale est semblable, non seulement dans son ensemble, mais avec ses détails en apparence les plus insignifiants.

Il n'est pas jusqu'aux circonvolutions, dont l'arrangement paraît à première vue si peu ordonné, qui ne se ressemblent et n'affectent la même disposition. Là encore des distinctions subtiles ont été faites qui plus tard ont dû être abandonnées. La surface du cerveau humain est sillonnée de multiples circonvolutions qui ont longtemps dérouté la science ; mais, nous dit Broca, « le cerveau des chimpanzés et des orangs est merveilleusement compliqué. »

Entre l'un et l'autre, comme l'ajoute le savant anthropologiste, « *il n'y a que de légères nuances.* » Et ces nuances sont à proprement parler des variantes qui ne sont pas caractéristiques.

L'identité des deux cerveaux est donc établie. Que prouve-t-elle sinon l'équivalence des fonctions? Que démontre-t-elle d'une façon victorieuse sinon la vérité de la thèse spiritualiste?

Nous savons que le sentiment des anciens anatomistes, de Gratiolet entre autres, était tout opposé. Ils voyaient dans la similitude des cerveaux un argument très fort en faveur des matérialistes et ils s'efforçaient, par tous les moyens, de la nier ou de l'atténuer : on insistait à plaisir sur des variations insignifiantes, sur une scissure plus large, sur un lobe plus étroit. L'intention était bonne, mais l'erreur profonde. La vérité est toute puissante : que n'y plaçaient-ils leur confiance ! Le spiritualisme serait bien faible, si sa destinée dépendait de la forme ou du poids d'un organe.

Les fonctions des deux cerveaux sont identiques. Les deux « *intelligences* » se ressemblent-elles ? Telle est la seule question à résoudre : elle est facile.

Nous affirmons que l'*intelligence* seule appartient à l'homme, et que le singe ne possède qu'un *instinct* très remarquable. Lisez, comme nous l'avons fait, tous les traits d' « *intelligence simienne* » relatés par les auteurs (1) : il n'en est

____

(1) Voir surtout les ouvrages de Cuvier, Flourens, Brehm.

aucun qui ne se ramène à l'instinct, aucun qui soit réfléchi et raisonnable, à moins qu'on ne considère comme « facultés intellectuelles » l'imagination et la mémoire, facultés sensitives. « *Le singe répète ce qu'il voit faire et ne va pas plus loin,* » dit très justement M. Topinard.

Malgré cet aveu involontaire, le savant anthropologiste se garde bien de se rendre à notre opinion qui le condamne, lui et sa thèse. Avec beaucoup de matérialistes, il s'efforce d'établir, contre toute évidence, des rapports entre l' « *intelligence* » du singe et la nôtre, et ne constate entre elles que des différences de degré. L'animal a moins d'intelligence que nous : voilà tout. « Entre l'homme et la généralité des animaux, écrit-il, *il n'y a pas de différence absolue, radicale,* dans l'ordre intellectuel. *Toutes les facultés* de l'homme se retrouvent *sans exception* chez les animaux, mais à l'état rudimentaire, quelques-unes s'y montrent même très développées, d'autres le sont plus encore que chez nous. Ce qui fait notre suprématie, notre jugement, notre intelligence, notre justesse d'observation, *ce n'est pas la propriété exclusive de facultés particulières,* c'est leur quantité et, mieux encore, leur mutuel et parfait équilibre. » Ainsi M. Topinard reconnaît, comme nous, entre le singe et l'homme un « abîme », mais il le place dans la cervelle qui enfle son poids, et non dans l'intelligence qui fait notre gloire.

N'insistons pas et opposons seulement à l'affirmation de l'anthropologiste celle d'un maître plus autorisé, l'illustre de Quatrefages qui la contredit en distinguant l'homme des bêtes par son intelligence et sa raison.

L'homme et le singe ont un cerveau identique. L'intelligence n'appartient qu'à l'homme : donc elle n'est pas une fonction du cerveau. Donc il faut chercher ailleurs la fonction encéphalique.

CHAPITRE XII

CROISSANCE DU CERVEAU

Le cerveau ne doit pas être considéré seulement chez l'adulte, mais dans la marche de son développement. La croissance de cet organe, qui se trouve lié si intimement à la vie intellectuelle et morale de l'homme, offre nécessairement des particularités du plus haut intérêt.

A la naissance, le cerveau ne pèse en moyenne que 300 grammes; mais il augmente à partir de ce moment dans une mesure étonnante. R. Owen prétendait que l'encéphale croît plus rapidement que le corps et est proportionnellement plus grand à la naissance qu'à l'âge adulte. De nouvelles recherches ont permis à M. Topinard d'établir que le cerveau humain croît plus rapidement que la

7

taille depuis la naissance jusqu'à la période de deux à quatre ans, mais que ses dimensions relativement au corps ne sont pas plus grandes à la naissance qu'à l'âge adulte.

L'accroissement du cerveau est en effet surprenant dans les deux premiers mois. En un an son poids est doublé. Voici du reste une statistique de Boyd qui donne le rythme de la croissance :

A la naissance, Homme, poids moyen..		331 gr.
Naissance à 3 mois,	—	493 —
3 à 6 mois,	—	603 —
6 mois à un an,	—	777 —
1 an à 2 ans,	—	942 —
2 ans à 4 ans,	—	1097 —
4 ans à 7 ans,	—	1140 —
7 ans à 14 ans,	—	1302 —
14 ans à 20 ans,	—	1374 —
20 ans à 30 ans,	—	1357 —
30 ans à 40 ans,	—	1366 —
40 ans à 50 ans,	—	1352 —
50 ans à 60 ans,	—	1343 —
60 ans à 70 ans,	—	1345 —
70 ans à 80 ans,	—	1289 —
80 ans à 90 ans,	—	1284 —

Ce tableau est précieux par les importantes réflexions qu'il suggère. La première a trait au cerveau du singe, dont nous connaissons la mesure et dont la comparaison s'impose ici. L'enfant naissant n'offre encore qu'un poids cérébral de 300 grammes ; n'est-il pas singulier de constater que trois mois après, ce poids arrive à 500 grammes et atteint à six mois 600, dépassant de beaucoup le poids cérébral du singe anthropoïde adulte le mieux doué ? Nous le demandons à nos savants contradicteurs : un tel rapprochement n'est-il pas suffisant pour renverser la thèse matérialiste ? On nous dit, on nous répète à l'envi, que le *seul caractère distinctif* du cerveau humain est son *volume*, trois fois plus gros que chez le singe, et que ce volume « *entraîne une activité équivalente de l'organe et un développement proportionné* de toutes ses fonctions : *langage, observation, jugement*, etc. » D'autre part on exalte les facultés exceptionnelles du singe, ce qu'on appelle faussement son « *intelligence.* » Ne nous est-il pas permis de retourner l'argument de nos adversaires et de dire : Voyez le cerveau de l'enfant de trois mois, comparez-le à n'importe quel cerveau simien, et dites pourquoi la matière cérébrale, équivalente dans les deux cas, se traduit par des effets si différents ?

Considérez bien, savants matérialistes, ce jeune cerveau. Où en est alors l'intelligence enfantine ? A quoi sert la « *matière pensante ?* » Si vraiment le cerveau *secrétait* la pensée, et si un certain volume minimum suffisait à son fonctionnement, pourquoi l'intelligence de nos jeunes enfants n'apparaîtrait-elle pas toute formée dès les premiers mois de l'existence? Hélas! nul n'a vu ce prodige. Pic de la Mirandole lui-même, ce modèle des enfants précoces, ne savait à six mois que crier et mordre sa nourrice.

Vers l'âge de deux ou trois ans, le cerveau atteint et dépasse le poids de 1,000 grammes. Sa masse proportionnelle relativement au corps est alors la plus forte. L'intelligence y trouve-t-elle son compte? Atteint-elle le *summum* de son développement? La jeune mère pourra le dire, mais non l'observateur froid et impartial. Celui-ci, en dépit de toutes les théories, se rendra à l'évidence des faits et reconnaîtra qu'aucune relation ne rattache le degré d'intelligence au volume cérébral.

Cette conviction ne fera que grandir à la vue du rythme d'accroissement si bien calculé par Boyd. A sept ans, le poids du cerveau s'élève à plus de 1,100 grammes pour en atteindre 1,300 vers l'âge de quatorze ans. On voit que l'organe, sans progresser aussi vite que dans les premières années où son épanouissement est prodigieux, ne cesse de grandir. Il est permis de supposer, avec une certaine raison, que son fonctionnement atteint alors une grande activité. Mais quel savant consciencieux oserait prétendre que l'intelligence en est le produit, et le principal produit? L'observation, même la plus élémentaire, même celle du vulgaire, lui donnerait tort. La sensibilité, l'imagination, la mémoire, ne sont-elles pas les facultés maîtresses de l'enfance ?

Le volume cérébral de l'enfant n'en est pas moins considérable. Et, fait curieux, il dépasse celui signalé par les auteurs chez beaucoup d'adultes, d'ailleurs fort bien doués, particulièrement chez Gambetta. On admettra bien néanmoins que le grand orateur fut un homme intelligent, tout en ayant fort peu de cervelle ; et, malgré toutes les séductions d'une thèse favorite, on ne soutiendra pas qu'un enfant de douze ans quelconque lui est supérieur par l'esprit, parce qu'il a 100 grammes de plus de matière cérébrale. Nouvelle preuve que l'intelligence n'est pas en rapport avec le poids de la masse nerveuse.

Si l'on poursuit cette intéressante étude, on remarque que c'est entre quatorze et vingt ans, c'est-à-dire pendant l'adolescence, que se place le terme naturel et commun du développement cérébral. Jusque-là, l'organe avait suivi une marche ascendante : il reste alors stationnaire pour subir une décroissance lente et graduelle dans la vieillesse. Cette question du *maximum cérébral* ne saurait nous laisser indifférents : elle préoccupe vivement M. Topinard, qui la déclare « *importante par ses conséquences physiologiques.* » Est-ce bien exact ? Le maximum indiqué est un résultat et non une cause. Mais il trahit la vraie nature des fonctions cérébrales et vient, en se plaçant presque à l'aurore de la vie, donner un coup fatal à la thèse matérialiste. Voilà sa seule conséquence « *physiologique* ». C'est pourquoi notre auteur ne l'accepte pas et le qualifie de « *brutal* ». — Remarquons que ce n'est pas seulement Boyd, c'est Wagner, c'est Sims, dont les statistiques s'accordent à fixer à l'adolescence ce maximum déplaisant : cette répétition, on le reconnaît, a « une certaine valeur. » N'importe, les conséquences pour le matérialisme sont trop graves pour laisser passer cette vérité : on la combat par la plus singulière dialectique, et M. Topinard nous initie à la savante opération tentée par son maître pour réformer une statistique défavorable. « Ce maximum, dit-il, n'était, aux yeux de Broca, qu'un accident, le résultat d'une mortalité, de préférence sur les enfants dont l'encéphale s'est développé trop vite. Deux cerveaux en particulier, chez les garçons, le confirmaient dans cette opinion, l'un de 1,732 grammes, l'autre de 1,610 grammes ; et il ajoutait : « N'est-ce pas une observation vulgaire que les enfants qui ont de trop grosses têtes meurent le plus souvent à l'âge adulte, comme l'a si bien exprimé l'auteur des *Enfants d'Édouard*, dans ce vers devenu classique :

Quand ils ont tant d'esprit, les enfants vivent peu. »

Et M. Topinard, répétant son maître, passe outre et fixe très arbitrairement le maximum cérébral à la période de trente-et-un à quarante ans.

Aucune concession ne saurait être faite sur ce point qu'au détriment de la vérité. Le maximum signalé par tous les auteurs est le seul vrai : ce n'est pas un effet de mortalité, les faits le démontrent. La mortalité est légère de quinze à vingt ans, elle est énorme au premier âge. Les affections cérébrales frappent tous les âges, mais, qui ne le sait ? elles sont surtout fréquentes de trois à dix ans : l'âge adulte n'en a nullement le privilège. Les filles, comme les garçons, ont le même maximum. Enfin, les statistiques renfermant peu d'adolescents et un nombre relativement très élevé d'adultes, on doit affirmer que le maximum est non seulement bien établi, mais que les observations ultérieures plus nombreuses le rendront plus fort et plus manifeste.

Ainsi, le cerveau atteint son apogée à l'adolescence : il maintient son volume acquis pendant tout l'âge adulte et ne décroît que chez le vieillard. Encore cette baisse est-elle insignifiante, n'étant que d'une cinquantaine de grammes dans ses plus grandes limites.

Le rythme de la croissance cérébrale bien connu, que d'obscurités dissipées, que de conclusions possibles ! On sait le *summum* du cerveau, on n'a pas de peine à constater qu'il ne coïncide pas avec celui de l'intelligence, et on conclut avec raison que la pensée n'est pas la fonction du cerveau. L'intelligence se développe graduellement, s'accroît et se perfectionne sans cesse. Les vieillards n'ont-ils pas été toujours regardés comme des modèles de sagesse et de raison ? A quinze ans, l'intelligence est en pleine formation, elle n'est pas épanouie, elle n'est pas mûre. La sensibilité, son puissant et inévitable auxiliaire, fait pendant tout le cours de la jeunesse et de l'adolescence, des acquisitions nombreuses, incessantes, que la mémoire retient et emmagasine : ce sont, comme on l'a dit justement, des semences qui germeront et dont l'âge mûr recueillera les fruits. Et le cerveau, par son développement prodigieux précédant un long état stationnaire, se révèle bien ce qu'il est réellement : un *centre de perceptions, un organe de sensibilité.*

Le crâne se moule assez exactement sur le cerveau et en est véritablement la quatrième enveloppe : loin de gêner son expansion, il la suit fidèlement. Sa croissance va de pair avec celle de l'encéphale. Ses sutures ne s'ossifient qu'au terme de l'accroissement cérébral, et par suite sans date précise : on peut dire avec Broca qu'elles se ferment à l'âge mûr, mais on doit admettre de grandes variétés individuelles. On a prétendu que chez les hommes intelligents, dans les classes supérieures, l'ossification était retardée ; mais M. Topinard reconnaît positivement aujourd'hui qu'on s'est trompé. « Rien n'autorise à le croire, écrit-il, à en juger par les calottes craniennes des hommes éminents ou distingués qu'il m'a été donné de voir. Il y a égalité de tous devant l'ossification des sutures. » Ce résultat n'est pas pour appuyer la thèse matérialiste. Et, après tout ce que nous avons vu, on doit reconnaître que les faits se réunissent contre elle.

CHAPITRE XIII

La symétrie des deux hémisphères cérébraux
(et, par voie de conséquence, celle de leur enveloppe osseuse), a été longtemps admise dans la
science comme une vérité incontestée. Bichat la
déclarait nécessaire et en faisait une condition
essentielle de l'intelligence. Sa propre autopsie
vint plus tard démontrer son erreur : *un de ses
hémisphères était atrophié.* Cependant l'opinion
générale n'en fut pas ébranlée, et ce n'est que ré-
cemment, à la suite d'études très précises, qu'elle
a dû céder la place à une opinion toute contraire.

Le crâne, qui se moule si bien sur le cerveau et
en prend la forme, est assez souvent inégalement
développé à droite ou à gauche. Sa symétrie est

rarement parfaite : M. Topinard va plus loin et déclare qu'elle ne l'est jamais. « Il n'y a pas de crâne, écrit-il, qui ne soit asymétrique ; quelques-uns, en dehors de toute anomalie, le sont prodigieusement. » Cependant, il faut dire que, fréquemment, les différences sont peu notables ou insensibles. Il faut la précision des instruments et des mesures pour les reconnaître.

Les hémisphères cérébraux sont rarement absolument semblables, mais leur inégalité est le plus souvent si légère qu'elle disparaît aux yeux des observateurs les plus attentifs. Pour s'en rendre compte et l'apprécier sans erreur, un moyen est tout indiqué : c'est la division médiane du cerveau et la pesée de chaque hémisphère. Plusieurs savants nous donnent le résultat de leurs recherches dans ce sens. D'après Boyd, « le poids du côté gauche excède presque invariablement celui du côté droit de plus de 3 grammes. » Au contraire, Thurnam, opérant sur des aliénés, a trouvé un excédant d'un gramme à droite. Ces différences sont faibles et ne concordent guère. Cependant la vérité s'est fait jour. Les résultats de Thurnam quoique plus sujets à caution, en raison de leur origine, que ceux de Boyd, ont reçu une sérieuse confirmation qui leur a donné créance. En 1875, Broca, examinant à ce point de vue près de trois cents cerveaux, a reconnu que l'hémisphère droit l'emporte de près de 2 grammes sur le gauche.

Circonstance curieuse, le même observateur n'a trouvé chez la femme qu'une différence de 3 centigrammes, c'est-à-dire à peu près nulle. La femme aurait le privilège d'une symétrie cérébrale presque parfaite. Ce serait une supériorité sur le sexe fort. M. Topinard, toujours galant, la conteste et estime que la parité des deux hémisphères chez la femme prouve « *qu'elle exerce moins que nous ses facultés cérébrales.* » C'est « *intelligence* » que notre auteur veut dire : nous le connaissons trop pour ne pas le craindre. Ainsi, d'après lui, l'anatomie viendrait encore témoigner en défaveur du sexe faible, et la symétrie cérébrale prouverait son infériorité.

Quelle est l'influence sur l'intelligence de la prédominance d'un hémisphère ? Elle est absolument nulle, nous l'affirmons sans crainte. Le seul exemple de Bichat suffirait, à la rigueur, à la démonstration ; mais la clinique fournit de nombreuses preuves analogues. Souvent une atrophie partielle ou totale d'un seul hémisphère a laissé l'intelligence intacte, de même qu'une lésion plus ou moins étendue du cerveau limitée à un seul côté. Que le cerveau soit symétrique ou inégalement développé, on peut dire que l'intelligence reste la même.

Quant à l'opinion peu flatteuse de M. Topinard sur la femme, elle n'est fondée sur aucune preuve. L'intelligence de la femme en général n'a rien à envier à la nôtre.

Que signifie donc l'asymétrie du cerveau? Elle paraît liée à l'activité fonctionnelle de l'organe. Si un hémisphère « travaille » plus que l'autre, il se développe davantage. Broca s'est rangé il y a longtemps à ce sentiment qui est le vrai : il avait coutume de dire qu'on peut devenir *droitier* ou *gaucher* du cerveau comme des mains. Il reste à déterminer le genre d'activité qui paraît agir le plus sur l'accroissement d'un côté du cerveau. C'est affaire à la clinique et à l'expérimentation; mais nous inclinons à croire avec Manouvrier que c'est l'activité musculaire, ou plus exactement motrice.

Ce qui est acquis, et suffit à notre étude, c'est que l'intelligence ne dépend nullement de la symétrie ou de l'inégalité des hémisphères du cerveau.

CHAPITRE XIV

LOBES ET CIRCONVOLUTIONS

Toutes les discussions qui précèdent nous semblent avoir élucidé, ou plus exactement vidé la grosse question du poids cérébral : elles ont montré jusqu'à l'évidence que l'intelligence ne dépend nullement de ce poids et n'est pas une fonction organique. Nos adversaires, qui attachent une si haute importance à ce problème et ont fait preuve en l'abordant d'une complète insuffisance, se déclarent-ils vaincus? Nullement. Fidèles à leur tactique, ils se dérobent et portent la lutte sur un autre terrain. Notre devoir est de les suivre.

« Le volume de l'encéphale n'est que l'un des facteurs organiques qui concourent à la production de l'intelligence. » M. Topinard le déclare très nettement et comprend parmi les facteurs supplémentaires : « 1° le volume relatif des parties constituantes de la masse totale ; 2° le développement des circonvolutions extérieures ; 3° la relation des parties profondes, établissant des rapports plus ou moins étendus entre telle ou telle partie ; 4° le nombre et la complexité, visible au microscope, des cellules nerveuses de la substance grise. » Réservant pour les chapitres suivants l'étude des lobes et de la substance grise, nous ferons ici celle des circonvolutions.

D'accord avec toute l'école anthropologique, M. Topinard professe que le développement des circonvolutions cérébrales est en exacte proportion avec le degré de l'intelligence. Ce développement concourrait à ce résultat avec la masse nerveuse, de la façon suivante. « Le but à atteindre pour répondre à une plus grande activité, c'est la multiplication de la substance grise corticale des deux hémisphères ; les moyens employés sont : 1° l'augmentation de la masse cérébrale et par conséquent de sa surface, toutes choses égales ; 2° l'augmentation des plis et replis qui permettent à une plus forte proportion de substance grise de se déposer dans une même étendue ; 3° l'accroissement de celle-ci en épaisseur et *son amélioration en qualité*. » A la bien considérer, cette proposition ne soutient pas l'examen. N'est-elle pas, sous une forme différente, la répétition de celle que nous avons amplement réfutée et qui subordonne l'intelligence au volume cérébral ?

D'ailleurs l'idée n'est pas nouvelle : elle se retrouve chez beaucoup d'auteurs, de nos jours comme à des époques reculées. Trois siècles avant l'ère chrétienne, notre confrère Erasistrate prétendait que les circonvolutions sont nombreuses chez l'homme, parce qu'il l'emporte par son esprit et sa raison. Magendie et Desmoulins ont soutenu que « le nombre et la perfection des facultés intellectuelles, dans la série des espèces et dans les individus de la même espèce, sont en proportion de l'étendue des surfaces cérébrales. » Nous allons voir que l'observation ne donne pas raison à cette théorie commode, et nous devons dès maintenant protester contre l'abusif excès de langage qui attribue aux animaux le privilège de l' « *intelligence.* »

Le cerveau humain est sillonné de circonvolutions nombreuses. Celui de la souris en est dépourvu. Dareste chercha à expliquer cette différence en soutenant que les circonvolutions sont en raison directe de la taille des animaux, les plus petites espèces ayant le plus souvent le cerveau lisse. Mais cette prétendue loi est contredite par les faits : le chien, par exemple, a toujours plus de circonvolutions que le gros kangourou (Gratiolet).

Il y a mieux : les circonvolutions sont rares dans la grande classe des vertébrés. Elles manquent chez un grand nombre de mammifères. Les reptiles, les poissons, les oiseaux en sont dépourvus. Ce seul fait n'est-il pas significatif?

Descendons aux détails, et les contradictions s'accumulent. Les écureuils, les rats, les souris, les ouistitis ont un cerveau lisse : n'ont-ils pas un instinct des plus remarquables? La surface du cerveau des castors, des lapins, des lièvres présente à peine quelques enfoncements. Quelle industrie animale est comparable à celle du castor? Si les circonvolutions sont manifestes chez les carnassiers, elles sont bien plus remarquables chez les ruminants et les solipèdes : pourquoi l'inverse n'a-t-il pas lieu? Les chiens ont de vraies circonvolutions; mais ces circonvolutions sont bien plus accentuées chez le mouton et le bœuf; et les chasseurs auraient peine à croire que les chiens soient moins « *intelligents* » que les *stupides* moutons. Au haut de l'échelle, les matérialistes signalent l'éléphant, c'est vrai; mais ils refusent d'y voir le marsouin, qui ne témoigne pas clairement en leur faveur. Ne leur contestons pas un dernier avantage : ils constatent un sensible rapprochement entre les grands singes et l'homme au point de vue des circonvolutions cérébrales. Leur satisfaction ne nous fait pas peur : elle restera médiocre et bien vaine, tant qu'ils n'auront pas prouvé l'« *intelligence simienne.* »

La thèse que nous combattons nous paraît renversée. Les faits la condamnent. Méritait-elle l'honneur d'une aussi longue réfutation ? Galien (1) l'avait atteinte dès longtemps par un argument décisif qui n'a rien perdu de sa valeur et qui, semble-t-il, suffisait à sa perte. Le grand médecin grec remarque, non sans ironie, qu'entre tous les animaux, il y en a un très bien doué, dont la surface cérébrale est sillonnée de nombreux plis et replis, et pour désarmer ses adversaires, il lui suffit de le nommer.

C'est l'âne !

Qui l'aurait cru si rempli d'intelligence ?

Puisqu'il est question d'intelligence, hâtons-nous de quitter le terrain zoologique, où l'expression est impropre et usurpée, pour nous cantonner dans le règne humain. Là du moins le mot garde sa valeur ; l'intelligence est notre essentielle propriété.

(1) *De Usu partium*, lib. VIII, cap. XIII.

L'étude des circonvolutions cérébrales, chez l'homme, est loin d'être simple : comme le déclare très bien M. Topinard, « elle est de sa nature longue et difficile et ne se prête pas dans l'état de choses à des aperçus d'ensemble. » Malgré tous les travaux accomplis, la complexité de replis nombreux n'est pas absolument démêlée, et leur variabilité paraît encore extrême.

Longtemps les anatomistes ont contemplé avec étonnement, avec admiration, la disposition cylindroïde et flexueuse des circonvolutions ; longtemps ils ont hésité à l'étudier, à l'approfondir, persuadés qu'elle cachait un mystère insondable et qu'un tel enchevêtrement variait à l'infini et n'avait rien de fixe ni de précis. Leur erreur était profonde. Depuis vingt ans, on s'est attaqué hardiment à cette difficile mais nécessaire étude, et l'on sait aujourd'hui que l'arrangement des circonvolutions est voulu, constant, et obéit à une loi bien définie.

C'est là, on doit l'avouer, un immense progrès. Mais la science cérébrale est encore loin d'être achevée : l'avenir lui réserve plus d'une découverte, plus d'une surprise. On connaît bien les grosses circonvolutions, leurs principaux replis, leurs plis de passage, leurs relations. Les grandes lignes sont notées, les détails le sont moins. Comme le dit M. Sappey, « on retrouve assez facilement à la surface des hémisphères les circonvolutions primitives et les circonvolutions additionnelles. Mais lorsqu'on tente de poursuivre un semblable dénombrement au-delà de ces replis principaux qu'on pourrait appeler aussi générateurs, parce qu'ils sont le point de départ d'une foule de replis secondaires, toute évaluation devient arbitraire et toute précision impossible, ces replis de second ordre étant extrêmement variables dans leur nombre, leur forme et leurs rapports respectifs. »

Les circonvolutions ne se distinguent donc pas seulement par leur complexité, mais aussi par leur variabilité. Autant de cerveaux, autant de types divers d'un même modèle. On les distingue plus facilement qu'on ne définit leur différence. « Nous disons chaque jour d'un cerveau sous nos yeux, écrit M. Topinard, qu'il est riche ou pauvre en circonvolutions, que celles-ci sont petites, fines, très flexueuses ou bien grosses, simples, rectilignes ; on publie des dessins stéréographiques ou schématiques, donnant un aperçu du type le plus répandu et des variations les plus ordinaires... Mais ce ne sont que des cas isolés ou des résultantes *que chacun voit à sa façon.* »

Après un tel aveu, M. Topinard est mal venu à célébrer les qualités du cerveau de Gambetta. L'organe était petit, infime; mais « en revanche sa surface avait les plus merveilleuses circonvolutions qu'on puisse voir, certaines en particulier fines, flexueuses, elles ont confirmé ce que Desmoulins et Parchappe pensaient du rôle du développement des circonvolutions sur la somme d'intelligence. » Qui nous dit qu'un autre anatomiste, plus attentif ou moins enthousiaste, n'aurait pas *vu* d'autre façon?

Les auteurs ont observé et signalent tous les jours sur des cerveaux vulgaires des circonvolutions nombreuses, fines, flexueuses. Ils n'y voient pas la marque du génie. Longet a constaté il y a longtemps que la profondeur des anfractuosités ou le relief des plis est très variable dans la classe populaire. C'est une vérité banale. Il est vrai que les idiots en général ont des circonvolutions petites, étroites, atrophiées; mais on peut vérifier qu'il n'y a pas de réciproque. Le cerveau de gens très intelligents peut n'offrir qu'un relief peu accentué et des plis très tenus. En un mot, les caractères des circonvolutions paraissent des plus variables et n'ont aucun rapport avec l'intelligence.

CHAPITRE XV

LOBES ET CIRCONVOLUTIONS

SUITE

M. Topinard n'a pas eu de peine à voir que ni chez l'homme ni chez les animaux, les circonvolutions ou le volume du cerveau ne suffisent isolément à expliquer « *l'intelligence* »; il a cherché à établir, entre ces deux caractères, un rapport inverse qui donnerait l'explication désirée. Le cerveau des petites espèces est lisse, mais en même temps il est proportionnellement très développé. Ainsi, d'après Colin, la souris a, par rapport à son corps, plus de cerveau que l'homme, treize fois autant que le cheval, onze fois autant que l'éléphant. M. Topinard conclut : « Les circonvolutions ont moins de tendance à se produire dans les petites espèces, *en supposant le fait démontré,* parce que leur cerveau est plus volumineux ; c'était superflu.

» C'est ainsi que l'organisation atteint le même résultat par des procédés différents. » Outre que cette affirmation revient à dire que l'intelligence est une affaire de poids et de mesure, ce que nous avons suffisamment réfuté, elle ne tient pas devant l'expérience. Le cerveau du chat, par exemple, est proportionnellement énorme : il est notamment plus gros, mais offre des sillons moins accentués et moins nombreux que chez le chien, dont la taille est pourtant supérieure, et « *l'intelligence* » aussi.

Le rapport inverse entre le circonvolutionnement de l'encéphale et son volume n'existe pas davantage chez l'homme. M. Topinard n'a même pas tenté de l'établir et s'est borné à citer comme exemple le cerveau de Gambetta.

Malgré l'insuccès de leurs efforts, les matérialistes ne lâchent pas pied. Ils reconnaissent plus ou moins sincèrement que leurs premiers calculs sont déjoués, mais restent persuadés que les circonvolutions sont le siège de l'intelligence. — Sans doute, pensent-ils, ce siège ne s'étend pas à toute la masse, se limite à une portion étroite de leur étendue, se *localise* en un mot ; et c'est pourquoi toutes les mesures cérébrales prises en bloc n'ont donné aucun résultat positif. Elles ont fait dévier le vrai problème, ont dénaturé sa solution en confondant des organes divers et d'ordre très inégal, et doivent être complètement abandonnées. Le cerveau contient des parties nobles et des parties inférieures. Qu'on fasse avec soin le départ des unes et des autres, et tout sera expliqué. — Cette manière de voir est ancienne : elle a trouvé dans la doctrine de Gall un puissant appui et est encore très répandue. Elle séduit trop de bons esprits pour ne pas mériter un sérieux examen.

A entendre beaucoup de savants, quand il s'agit d'estimer la valeur de l'intelligence, le volume des lobes frontaux seul doit être pris en considération. Ces lobes seraient très importants pour l'homme : c'est en eux, dit M. Topinard, que « *résident les plus hautes facultés.* » S'ils sont volumineux, la région frontale du crâne les traduit par sa prédominance ; elle est déprimée au contraire et oblique s'ils sont peu développés. Leur poids doit donner la valeur d'un homme puisqu'ils « *président à l'intelligence et à la volonté.* » N'est-ce pas là le sentiment vulgaire ? Un front large et droit est synonyme, pour la foule, d'un « front intelligent. » Ce sentiment est-il fondé ?

M. Paul Janet en fait une critique très décisive qu'il nous suffira de citer : « Le sens intime, écrit-il, nous fait localiser la pensée dans la partie antérieure de la tête : c'est là, en effet, et ce n'est pas par derrière, que nous nous sentons penser. Il s'agit là d'un phénomène très complexe, qui n'a peut-être pas toute la valeur que l'on pourrait croire. En général les localisations subjectives sont pleines d'incertitude. On sait que les amputés souffrent dans les organes qu'ils ont perdus ; on sait que les lésions des centres nerveux se font sentir surtout aux extrémités. Ce qui est plus décisif encore et se rapporte de plus près au fait en question, c'est que, d'après les phrénologues (et en cela les physiologistes leur donnent raison), les affections, les émotions, les passions ont leur siège dans le cerveau : or il ne nous arrive jamais de les localiser là ; nous n'avons pas conscience d'aimer par la tête, mais par le cœur.

» Ce n'est cependant pas dans le cœur qu'est le siège de l'affection. Si donc nous nous trompons en localisant dans le cœur les affections qui n'y sont pas, nous pouvons nous tromper en localisant la pensée dans la partie antérieure du cerveau (1). »

(1) *Le cerveau et la pensée*, pages 121-122.

L'impression vulgaire est donc fausse, la théorie scientifique qui s'en prévaut ne l'est pas moins. En présence des faits acquis, il est impossible de localiser la pensée dans les lobes frontaux. Nous ne pouvons qu'effleurer ici cette importante question qui sera traitée plus loin en détail. Rien d'abord n'indique dans la constitution morphologique des lobes antérieurs le rôle si noble et si capital qu'on se plaît à leur attribuer. L'expérimentation et la clinique sont loin, nous le verrons, de leur confirmer ce rôle.

L'ethnographie est-elle plus favorable? Nullement ; car si les nègres d'Océanie ont le front bas, les nègres d'Afrique se distinguent, entre toutes les races, par leur front droit ou même bombé. M. Topinard lui-même le reconnaît : « Ce qu'on appelle un beau front, écrit-il, c'est-à-dire un front droit ou bombé, paraît se rencontrer aussi souvent, sinon davantage, dans les races nègres d'Afrique ; la série des Nubiens de M. Broca, si négroïde par le crâne, est spécialement remarquable par la saillie de ses bosses frontales. »

Les hommes de génie ou de talent ont, dit-on, le front vertical, bien développé : on cite surtout à cet égard Walter Scott et Cuvier. Mais le front fuyant se trouve être l'apanage d'hommes non moins distingués que les précédents. Rappelons, à la suite des auteurs, le front de Lacépède et du général Lamarque.

De guerre lasse, on invoque le secours de la pathologie mentale et on cite avec complaisance l'idiotisme comme s'accompagnant d'un front oblique et déprimé. Cette disposition est incontestable, mais n'est pas constante : est-il juste de s'en prévaloir ? L'idiotisme est une affection congénitale qui se relie à la microcéphalie. Et, sur ce terrain, n'est-il pas permis d'opposer aux microcéphales dont le cerveau n'est pas plus gros en arrière qu'en avant, les hydrocéphales dont le front est bombé et suréminent, sans traduire pour cela une intelligence supérieure ?

D'ailleurs si l'atrophie des lobes frontaux a été constatée chez certains idiots, chez d'autres le cerveau a été trouvé normal ou même hypertrophié. Aucune règle ne préside à ces variations. Toutefois le poids n'est pas, comme nous l'avons vu, inférieur à la moyenne générale. Et, s'il fallait s'en rapporter aux recherches de M. Lélut dans les asiles d'aliénés, les lobes antérieurs seraient bien déchus et perdraient toute importance.

Ce savant a constaté, en effet, que le développement de la région frontale est plus grand chez les imbéciles que chez les hommes d'une intelligence ordinaire, et qu'il l'est d'autant plus qu'on descend plus bas dans l'échelle de l'imbécillité (1).

Les lobes frontaux n'ont pas eu seuls le privilège d'être considérés comme le siège de nos hautes facultés. Au commencement de ce siècle, Neumann, de Leipzig, localisa l'intelligence dans les lobes occipitaux avec des preuves au moins égales à celles que Gall et les autres ont apportées à l'appui de leur sentiment. Ce savant distingué avait remarqué, dans ses nombreuses autopsies d'aliénés, une telle constance de résultats qu'il ne doutait pas de la vérité de sa thèse. Cruveilhier l'appuie du reste de son autorité : il a noté, comme Neumann, chez les vieillards déments, une atrophie cérébrale bien plus marquée sur les circonvolutions occipitales que sur les circonvolutions frontales.

Voilà une opinion nouvelle. Elle ne nous satisfait pas plus que l'autre, mais elle est aussi acceptable. Les mêmes arguments la défendent ; les mêmes objections peuvent lui être opposées. Le sentiment vulgaire lui manque, il est vrai, mais que pèse ce sentiment, dans une question scientifique ? — Il ne serait pas difficile à un physiologiste ingénieux de soutenir avec verve, sinon avec suc-

(1) *Mémoire sur le développement du crâne dans ses rapports avec celui de l'intelligence.*

8.

cès, que l'intelligence réside dans les lobes pariétaux. C'est le sentiment qu'exprime très justement
Longet. « S'il nous plaisait, dit-il, à notre tour
d'attribuer aux lobes moyens le même rôle assigné
par Neumann aux lobes postérieurs, et par d'autres
aux lobes antérieurs, assurément les observations
ne nous feraient pas défaut ; preuve qu'en s'appuyant sur les faits pathologiques, il n'est point
une partie des hémisphères cérébraux dans laquelle
on ne serait tenté de faire résider l'intelligence,
et que, par conséquent la pathologie ne saurait
autoriser à localiser les facultés intellectuelles en
général plutôt dans telle région cérébrale que dans
telle autre »

Dans l'état actuel de la science, il n'est pas plus
permis de dire que l'intelligence est un produit du
cerveau que d'attribuer la « *secrétion de la pensée* » à l'un quelconque des lobes encéphaliques.

CHAPITRE XVI

LA SUBSTANCE GRISE

La substance nerveuse ne comprend qu'un seul élément actif et essentiel : c'est la cellule. Par suite, quand on veut connaître son action, c'est aux cellules qu'il faut s'adresser. A la suite des vains efforts que nous avons racontés, c'est à cette sage conclusion qu'on s'est enfin arrêté.

Les cellules nerveuses sont loin de se trouver également réparties dans la masse encéphalique. Elles se trouvent principalement accumulées dans la substance grise corticale. La substance blanche en est dépourvue. Toute l'attention des savants s'est donc portée sur la substance grise et sur les circonvolutions qu'elle forme à la surface du cerveau.

Pour ceux qui estiment la fonction du cerveau à la valeur de son poids et cherchent l'*esprit* où il n'est pas, l'objectif était de déterminer l'étendue totale des circonvolutions avec leurs reliefs et leurs anfractuosités. Quel problème! Il s'agit d'étudier une surface tourmentée et mamelonnée, et d'apprécier exactement ce qu'elle deviendrait, méthodiquement déplissée sur un seul plan. Comme la foi de nos matérialistes doit être robuste pour affronter une telle difficulté! La tâche n'a pas effrayé d'intrépides expérimentateurs; reste à savoir s'ils l'ont remplie. Baillarger a évalué la surface déployée de toutes les circonvolutions à 1,700 centimètres carrés chez l'homme, et à 24 chez le lapin. D'autres ont contesté ce résultat, qui ne peut être mathématique, et il est difficile de lui attribuer une valeur absolue. D'ailleurs quelle conclusion pourrait-on en tirer? Quel éclaircissement donne-t-il à la science cérébrale?

Ce n'est pas tout d'avoir l'étendue vraie de la surface cérébrale; il faut encore connaître l'épaisseur de la substance grise. Ici le travail paraît impossible et décourage les plus entreprenants : le matérialisme abdique. Le but n'est pourtant pas à dédaigner et mériterait de généreux efforts. Les circonvolutions bien connues dans leur étendue et leur épaisseur, quelle difficulté resterait d'apprécier la masse totale des cellules nerveuses, de les peser même et de dire : tel individu a 200 grammes de « *matière pensante* », tel autre en a 300 grammes ! Ce serait le triomphe de la libre pensée... et de la balance !

Malheureusement, si l'on a pu fixer approximativement l'étendue des circonvolutions, on ne saurait également déterminer leur épaisseur. Cette épaisseur est des plus variables : M. Sappey estime qu'elle va de 2 à 3 millimètres. Elle change non seulement suivant les individus, mais sur un même cerveau suivant les différentes parties de sa surface. Elle échappe à tout calcul.

Cette dernière mesure, supposée possible, ne permettrait pas encore d'évaluer la masse totale des cellules nerveuses et, par suite, d'arriver à la solution désirée. Les circonvolutions, en effet, sont loin de contenir toute la substance grise. Cette substance, on le sait, se trouve aussi à la base du cerveau, dans les noyaux centraux. Bien avisé serait le savant qui voudrait l'y poursuivre la balance à la main !

La quantité de la substance grise n'est pas, on le voit, facile à atteindre. C'est pourtant un élément dont on doit tenir compte, un élément nécessaire, d'après M. Topinard. La science cérébrale serait, avouons-le, pour longtemps enrayée, si elle devait attendre le poids de la substance grise.

Hélas! notre auteur ne se contente pas de sa quantité, il réclame sa « *qualité* » pour résoudre les graves problèmes du cerveau. Une telle prétention est-elle sérieuse? La *qualité* de la masse nerveuse nous paraît un élément inaccessible, sinon problématique; il a même un inconvénient grave pour un matérialiste convaincu, celui d'être idéal et d'être peu ou point mesurable. Tout se voit et tout se pèse : n'est-ce pas là l'axiome de l'école à laquelle M. Topinard se fait gloire d'appartenir?

Très heureusement le procédé des pesées nous semble condamné et bien fini. Il devait régénérer la science et n'a réussi qu'à entraver sa marche. Nous en avons vu l'injustifiable empire et surtout l'intolérable abus; nous sommes édifiés sur ses résultats. Les pesées du cerveau n'ont pas donné les indications précieuses qu'on annonçait; elles n'ont servi qu'à égarer les savants et à les jeter dans les voies d'un matérialisme absurde. A défaut d'expérience, la seule logique aurait dû nous garder de tels errements.

Certains insulaires de la Grande-Bretagne sont, dit-on, très satisfaits. Ils ont le plus gros cerveau de l'Europe. C'est du moins l'anthropologie qui l'affirme et qui, du coup, démontre leur supériorité intellectuelle. Quel triomphe! Les Anglais sont le premier peuple de la terre, parce que leur cervelle contient en moyenne 10 grammes de plus que la nôtre. Voilà le seul résultat positif de la méthode des pesées ; est-il digne de nous, digne de la science ?

En se livrant à l'étude du cerveau sans idée directrice, sans principes de physiologie saine, l'esprit le plus net se trouve conduit à une complète aberration qui l'étonne lui-même. Quel savant, même original, aurait l'idée de peser un certain nombre d'Anglais, un nombre égal de Français, avec la prétention d'attribuer le premier rang dans l'échelle du progrès et de la civilisation au peuple dont le poids serait le plus fort ? Assurément, ce savant ne s'est pas rencontré, et pourtant le procédé ne serait ni plus extravagant ni moins scientifique que celui que nous combattons, et dont l'abus a été si grand, la fortune si brillante. Le poids du cerveau ne donne, pas plus que celui du corps, la moindre explication du fonctionnement des cellules nerveuses, encore moins la raison des hautes facultés qu'on nomme la volonté et l'intelligence.

L'illustre Gratiolet, avec sa perspicacité habituelle, avait bien senti, il y a trente ans déjà, l'extrême insuffisance de la méthode des pesées ; il avait surtout prévu ses grossières et lointaines conséquences et ne cessait de mettre ses élèves en garde contre elle. Sa puissante dialectique aimait à s'exercer sur ce fécond sujet, et l'on sait qu'un jour, à la Société d'anthropologie, il amena Broca à faire cette déclaration très nette « qu'il serait absurde de prétendre mesurer l'intelligence en mesurant l'encéphale. » Aussi avec quelle pitié dédaigneuse, avec quelle sévérité parfois Gratiolet jugeait ces chercheurs qui s'obstinent à négliger les lumineux sommets de la science et passent leur vie à cuber des crânes et à mesurer des cervelles! « Ils s'imaginent, écrit-il, avoir découvert la mesure de la capacité intellectuelle des différentes races. Pauvres gens qui, s'ils le pouvaient, pèseraient dans leurs balances Paris et Londres, Vienne et Constantinople, Pétersbourg et Berlin, et d'une égalité de poids, si elle existait, concluraient à la similitude des langues, des caractères, des industries ! »

Le volume, le poids du cerveau, la substance grise, ne sont pas les seuls facteurs organiques qui concourent, selon M. Topinard, à la production de l'intelligence. Il signale un dernier facteur que nous nous garderons d'oublier : « ce sont *les qualités inaccessibles jusqu'à ce jour aux investigations de la science*, qu'on peut comparer à celles de deux corps en chimie organique, ayant la même composition apparente et possédant cependant des propriétés différentes. »

Voilà une déclaration précieuse qui, malgré son obscurité, est un véritable aveu d'impuissance. Elle nous suffit : elle nous prouve que tous les facteurs connus n'arrivent pas, même pour M. Topinard, à expliquer l'intelligence. La science réclame impérieusement un facteur nouveau, inconnu, mais nécessaire ; la philosophie le connaît et le lui fournit. C'est *l'âme*, sans laquelle le cerveau est comme un instrument sans musicien. Paul Janet, ce rude jouteur, l'a bien dit aux matérialistes : « La pensée, dites-vous, est une résultante, et elle est liée à des conditions très diverses. Soit, mais qui vous *assure que l'une de ces conditions n'est pas la force pensante elle-même, ce que nous appelons l'âme*? Êtes-vous sûr de connaître toutes les conditions desquelles résulte l'exercice de la pensée? Et si vous ne les connaissez pas toutes, qui vous dit que l'une d'entre elles, et peut-être la principale, n'est pas précisément la présence d'un *principe invisible*, dont l'oubli déroute tous vos calculs? (1) »

(1) *Le cerveau et la pensée*, avant-propos, p. VI.

CHAPITRE XVII

LA PHYSIOLOGIE CLASSIQUE DU CERVEAU

Les anatomistes n'ont pu découvrir le vrai rapport du cerveau avec l'intelligence. Les physiologistes ont-ils été plus heureux? C'est ce que nous allons examiner.

Nous ne parlerons pas ici des récents travaux qui ont renouvelé la science, nous réservant de les exposer plus loin avec tous les détails qu'ils comportent ; nous voudrions montrer seulement la physiologie cérébrale que l'on possédait il n'y a pas longtemps encore, celle que nous avons tous apprise à l'École et qu'on peut de ce fait appeler classique. Cette physiologie ne se sépare pas des données anatomiques que nous avons indiquées plus haut; celle qui dérive des dernières découvertes se rattache au contraire à une topographie cérébrale nouvelle qui en fait toute l'économie, et n'en saurait être disjointe.

La distinction des deux substances du cerveau est généralement faite par les auteurs modernes : dès le dix-septième siècle, Willis (1) et Vieussens (2) localisent dans la substance grise corticale l'activité fonctionnelle, la *force nerveuse*. Mais cette distinction importante, vue de l'esprit plutôt que résultat d'expérience, est loin de porter ses conséquences. Elle n'empêche pas de contester au cerveau toute *excitabilité* propre.

Le cerveau est inexcitable, insensible : telle est pendant longtemps l'opinion, très décidée et très intolérante, de la majorité des savants. On invoque en sa faveur le témoignage lointain d'Aristote et de Galien non moins que les résultats d'expériences douteuses. Dulaurens, Cortesi, Lorry, Lecat, Hertwig, Flourens soutiennent cette thèse avec preuves à l'appui, et Longet la résume très nettement dans la page suivante : « Nous appelons *excitables*, écrit-il, celles des parties encéphaliques qui sous l'influence d'un stimulus immédiat quelconque, peuvent donner lieu *directement* à des

(1) *De anat. cerebri*, etc. Amsterdam, 1683, cap. x, par. 4, p. 76.

(2) *Nevrogr. univers.* Lyon, 1685, cap. xviii, p. 113.

secousses convulsives. Or, en procédant par voie d'exclusion, *il est facile de démontrer que ces parties sont peu nombreuses, et que, dans l'encéphale, leur masse relative est fort petite* : en effet, ni les lobes cérébraux, ni le cervelet, ni les couches optiques, ni les corps striés, c'est-à-dire environ les neuf dixièmes de la masse encéphalique, ne sont excitables ; restent par conséquent le bulbe rachidien, la protubérance, les divers pédoncules et les tubercules quadrijumeaux.

» Sur des chiens, des chats et des lapins, chez un grand nombre d'oiseaux, j'ai eu occasion d'irriter mécaniquement la substance blanche des hémisphères cérébraux ; de la cautériser avec la potasse, l'acide azotique, le fer rouge, etc. ; d'y faire passer des courants électriques en divers sens, *sans parvenir jamais à mettre en jeu la contractilité musculaire* : même résultat négatif en dirigeant les mêmes agents sur la substance grise des lobes cérébraux (1) ». Remarquons que quelques observateurs, Haller (2), Serres (3), etc., contredisent ces résultats, mais sans succès. On leur réplique

(1) *Anatomie et physiologie du système nerveux dans l'homme et les animaux*, 1842, t. I, p. 137.

(2) *Mémoire sur la nature sensible et irritable des parties du corps animal*, Lausanne 1756.

(3) *Anatomie comparée du cerveau*, 1827, t. II, p. 662.

que leurs expériences ont été mal conduites et qu'en fait leur excitation a porté sur la moelle allongée, et non sur le cerveau. Et l'inexcitabilité de ce dernier organe reste indiscutée, comme un axiome, jusqu'à l'époque actuelle où, nous le verrons, une simple expérience, conduite par des mains habiles et bien interprétée, révèle ce que mille autres expériences semblables n'avaient pas montré à de nombreux et savants physiologistes. L'histoire ne nous fournit-elle pas là une leçon précieuse, dont notre vain orgueil pourrait profiter?

Les expériences se multiplient néanmoins entre les mains des Flourens, des Magendie, des Longet, des Vulpian, etc. Le cerveau n'est pas excitable, soit; mais il a un rôle; et ce rôle, on cherche à le connaître en opérant l'ablation de l'organe et en notant soigneusement ses effets. Malheureusement les observations ne portent que sur des grenouilles, des oiseaux, de petits mammifères, et on n'en tire que des résultats assez divergents, et en somme vagues et obscurs.

« Les animaux privés des lobes cérébraux, dit Flourens, perdent toute perception, toute intelligence, en général: ils perdent encore jusqu'à ces instincts propres, inhérents à chaque espèce et si tenaces en chacune d'elles. D'un autre côté, comme nul de ces instincts, comme nulle des facultés intellectuelles et perceptives ne se perd par l'ablation du cervelet ou par celle des tubercules quadrijumeaux, il en résulte *que tous ces instincts, que toutes ces facultés appartiennent donc bien exclusivement aux lobes cérébraux* (1). » Voilà une conclusion nette. On la désirerait telle : que les faits ne la rendent-ils possible ! Malheureusement la grosse question du cerveau n'est pas aussi simple que l'indique Flourens ; malgré d'innombrables travaux, elle est toujours en suspens, elle n'est pas résolue. Les phénomènes cérébraux sont d'une complexité extrême et doivent être soumis à une longue et patiente analyse. Les expériences ne sont pas d'ailleurs sans offrir de grandes difficultés : elles varient d'un animal à l'autre.

Une grenouille, à laquelle on enlève le cerveau, conserve presque toute son activité. Les pigeons, privés de leurs lobes cérébraux, sont apathiques et comme engourdis ; ils se tiennent sur leurs pattes et volent quand on les excite. L'opération laisse des traces plus profondes chez les mammifères : ils ne peuvent rester debout, et, sous une forte excitation, font à peine quelques pas. Ils sont insensibles à la lumière, au bruit, aux odeurs,

(1) *Recherches expérimentales sur les propriétés et les fonctions du système nerveux*, Paris, 2ᵉ éd., 1842.

aux aliments. Ils ont perdu leurs instincts les plus communs et se heurtent à tous les obstacles.

Ces expériences sont intéressantes, mais un peu primitives et presque grossières. On les a variées de différentes façons, en limitant avec soin le traumatisme, en enlevant méthodiquement telle ou telle partie des lobes cérébraux.

Tous les faits observés sont de nature complexe et susceptibles de plusieurs interprétations. En tout cas, à l'époque de Flourens, ils étaient obscurs, insuffisants, et l'on s'étonne que ce savant, dont l'esprit scientifique était aussi prompt que lucide, en ait trouvé l'explication si facile. Mais il ne faut pas oublier qu'alors la théorie de Gall était dans toute sa faveur. Les savants, hostiles au phrénologisme qui avait le double tort de contredire leurs idées et d'ouvrir aux profanes leur domaine, virent dans les faits signalés la réfutation la plus heureuse du nouveau système, et Flourens, le premier, s'efforça de le démontrer.

Enlevant le cerveau d'un pigeon par tranches, soit en avant, soit en arrière, il soutint que les fonctions persistent, alors même qu'il ne reste pour les accomplir qu'une petite portion de masse nerveuse ; mais si l'on augmente légèrement encore la perte de substance, toutes les facultés diminuent et disparaissent ensemble. « *Il n'y a donc,*

concluait Flourens, *point de sièges divers ni pour les diverses facultés ni pour les diverses perceptions.* » Le système de Gall est certainement extravagant et même dangereux par certaines de ses conséquences. La réaction des physiologistes pouvait donc être légitime et nécessaire ; mais ici, comme souvent, elle dépassait le but et ouvrait la porte à de grosses erreurs.

Tous n'acceptèrent pas l'aventureuse opinion de Flourens, et notre illustre maître Bouillaud se distingua par son opposition. « Il est douteux, écrit-il, que les lobes cérébraux soient le réceptacle unique de tous les instincts, de toutes les volitions (1) ». Il observe, il institue de savantes expériences et n'a pas de peine à réformer la thèse de son confrère.

« Ayant détruit ou profondément lésé sur des poules, des pigeons, des chiens et des lapins, seulement la partie antérieure des deux hémisphères cérébraux, Bouillaud a vu ces animaux présenter les signes irrécusables d'un idiotisme profond. « Ils sentent, dit-il, ils voient, entendent, odorent, s'effraient facilement, s'impatientent quand on les contrarie, paraissent étonnés de leur situation, exécutent une foule de mouvements spontanés, ins-

(1) *Recherches expérimentales sur les fonctions du cerveau et sur celles de sa portion antérieure en particulier, Journal de physiologie expérimentale,* 1830, t. X p. 130.

tinctifs, crient, marchent, cherchent à éloigner machinalement les objets qui les irritent ; mais ils ne reconnaissent plus les êtres divers qui les environnent, ne mangent plus d'eux-mêmes et ne font aucune action qui annonce des combinaisons d'idées, des raisonnements ; les animaux les plus dociles, les plus intelligents, les chiens par exemple, ne sont plus caressants, ne comprennent plus le langage qu'ils comprenaient auparavant, deviennent indifférents aux menaces et aux caresses, et ne profitent d'aucune correction. Ils ont perdu, sans retour, toute éducabilité, la mémoire des lieux, des choses, des personnes. Ils voient les objets extérieurs, mais ils ignorent les rapports qui existent entre eux et leur propre conservation, mais ils n'en connaissent ni les qualités utiles, ni les qualités nuisibles. » Ainsi, selon Bouillaud, l'animal dont on a lésé profondément la partie antérieure des hémisphères cérébraux, « quoique privé de l'exercice d'un nombre plus ou moins considérable d'actes intellectuels, continue à jouir de ses facultés sensitives ; prouve que la *sensation* et *l'intellection* (lire intelligence) ne sont pas une seule et même chose, une seule et même fonction, et qu'elles ont des *sièges distincts* (1). »

(1) Longet, *op. cit.*

Ce premier essai de localisation scientifique est certainement remarquable et fait grand honneur à Bouillaud. Il est malheureusement resté isolé; et la science a continué à errer dans les voies tracées par Flourens.

L'ablation totale des lobes cérébraux enlève-t-elle à la fois la sensibilité et l'intelligence? Flourens l'affirme et enseigne que l'animal privé de cerveau non seulement devient stupide mais « *perd la perception de toute sensation.* » Par hasard il a entrevu là une vérité très importante; et il y aurait lieu de s'en réjouir si son sentiment était généralement accepté. Mais Bouillaud, Magendie (1), Gerdy (2) et d'autres hésitent à le partager et se refusent à croire que les lobes soient l'unique organe des perceptions. Leurs expériences si souvent renouvelées ne leur démontrent-elles pas le contraire? Longet y trouve la preuve « que la sensibilité générale persiste malgré la soustraction des deux lobes cérébraux. »

Le dissentiment qui sépare les savants est plus apparent que réel : il disparaît de lui-même. Assurément les contradicteurs de Flourens sont dans la logique des faits et de la doctrine. Le cerveau a

(1) *Précis élémentaire de physiologie*, Paris. 1825, t. I, p. 199.
(2) *Bulletin de l'Académie de médecine*, nº 17, 15 juin 1840, t. V, p. 247, 248.

été déclaré inexcitable. Comment présiderait-il à la sensation ? Mais, ne l'oublions pas, c'est le siège de l'intelligence ; et toute la doctrine de Flourens, que nous aurons à examiner, repose sur des idées philosophiques particulières. Le grand physiologiste embrasse sous le nom d'*intelligence* toutes les facultés, les plus basses comme les plus élevées. Par suite la sensation dépend de l'intelligence : elle en est inséparable, elle disparaît avec elle dans les mutilations du cerveau.

Les physiologistes dont nous avons parlé arrivent très facilement à concilier leur thèse avec celle de Flourens. Pour eux, il y a *deux sortes de sensibilités*, une *sensibilité consciente*, intellectuelle en quelque sorte, qui réside dans le cerveau, et une *sensibilité inconsciente*, brute, dont nous allons connaître le siège.

CHAPITRE XVIII

Longet, nous l'avons vu, « n'admet pas que l'animal dépourvu de ses lobes cérébraux soit privé de la perception de toutes ses sensations. » Cette opinion est à peu près générale. Toutes les excitations portées sur la substance cérébrale ont été vaines : comment pourrait-on lui attribuer le privilège de la sensibilité ? Dès le siècle dernier, Lorry (1) écrit : « *La seule partie*, entre celles qui sont contenues dans le cerveau, qui m'ait paru capable uniformément et universellement d'exciter

(1) *Mémoires de l'Académie des sciences. Savants étrangers*, 1760, t. III, p. 370.

des convulsions, c'est la moelle allongée. C'est elle qui les produit à *l'exclusion de toutes les autres parties.* » Lorry conclut de ses expériences « que la moelle allongée contient le centre perceptif et qu'elle est aussi la source du mouvement. »

La protubérance est le siège de la sensibilité et du mouvement. Voilà pendant longtemps l'enseignement classique, professé notamment par Desmoulins, Serres, Bouillaud, Müller (1), Gerdy. « S'appuyant sur ses expériences, ce dernier reconnaît que l'ablation du cerveau plonge l'animal dans une sorte de somnolence, d'engourdissement, dans un état de volonté paresseuse, mais qu'elle ne détruit pas toute manifestation de perceptibilité et de volonté : car, ajoute-t-il, si l'on irrite vivement l'animal, il fait alors des efforts pour échapper à la douleur. Puisque la faculté de percevoir et la volonté sont engourdies par l'ablation du cerveau, le cerveau sert donc à la perception et à la volonté ; mais, puisqu'elles continuent encore, il n'y sert donc pas seul. Or, quels peuvent être, parmi les organes qui restent, ceux ou celui qui y concourt encore ? Serait-ce le cervelet ? Mais l'abla-

(1) *Manuel de physiologie,* trad. Jourdan, t. I, p. 719 et suivantes.

tion de celui-ci paraît plutôt irriter, exciter et agiter l'animal que l'engourdir. Serait-ce la protubérance ? « Je le pense, dit Gerdy, car il ne reste plus qu'elle qui puisse concourir aux perceptions et aux volitions ; et de fait, aussitôt qu'on y touche, aussitôt qu'on l'enlève, *l'intelligence et la volonté, tout s'évanouit, et il ne reste plus rien. Il résulte pour moi, de mes propres expériences sur l'encéphale que la perceptivité et la volonté siègent dans le cerveau et la protubérance. (1).* »

Ce texte résume bien l'état de la science. Le cerveau et la protubérance se partagent le vaste domaine de la sensibilité, mais de façon inégale : les sensations sont brutes dans la moelle allongée, elles s'élaborent et se complètent dans les lobes. C'est au fond ce que prétendait Flourens ; seulement sa théorie philosophique n'admettait pas des sensations brutes, isolées et détachées du sujet pensant et voulant. Sa théorie à cet égard vaut bien, avouons-le, celle de ses contradicteurs qui ont du mal à établir deux sensibilités distinctes et à définir chacune d'elles. Longet consacre à expliquer ce dualisme, une longue page qui mérite d'être citée : « On s'est demandé, dit-il, si sans la participation des lobes cérébraux, il y avait récl-

(1) Longet, *op. cit.*

lement sensation de douleur. Certes, en prenant le mot sensation dans son acception rigoureusement métaphysique, et ne l'appliquant qu'à tous les cas d'exercice de la sensibilité avec conscience, on devra admettre que la protubérance, siège de la sensibilité générale, et les lobes cérébraux, siège de l'intelligence, doivent nécessairement mettre, pour ainsi dire, en commun leur activité et concourir au même acte.

» Mais à la rigueur, ne pourrait-on pas permettre aux physiologistes de distinguer la perception simple (en quelque sorte brute) des impressions, de l'attention qui leur est accordée, de l'aptitude à former des idées en rapport avec elles? L'attention, la formation ultérieure des idées sont subordonnées à la participation des lobes cérébraux, dont la perte peut entraîner la stupeur, sans abolir l'exercice de la sensibilité générale qui est subordonnée immédiatement à la protubérance.

» Ainsi, l'animal qui a perdu ses lobes cérébraux et qui conserve sa protubérance (mésocéphale) peut souffrir, mais sa douleur doit avoir subi des modifications profondes dans ce que j'appellerai l'élaboration intellectuelle de cette sensation, élaboration qui en effet ne saurait plus se produire.

» En résumé, il me paraît possible d'isoler, par la voie expérimentale, le centre perceptif des impressions sensitives (protubérance) du centre de l'intelligence et de la volonté (lobes cérébraux) : mais, en admettant que la protubérance puisse fonctionner isolément comme centre de perceptivité, je n'en considère pas moins le cerveau proprement dit (lobes) comme l'organe essentiellement élaborateur où les sensations tactiles en particulier sont, pour ainsi dire, appréciées à leur juste valeur ; où elles prennent une forme distincte, en y laissant des traces et des souvenirs durables ; comme l'organe qui est par conséquent le siège de la mémoire, faculté au moyen de laquelle il fournit à l'animal les matériaux de ses jugements et de ses déterminations. (1) »

La physiologie classique nous est maintenant connue : étudions-en les grandes lignes.

Le cerveau est l'organe de l'intelligence. « Chacun admet, comme une vérité incontestable, que l'encéphale préside aux phénomènes intellectuels et moraux. » (Longet). Il est l'organe de la « conscience. » « Les qualités morales, les facultés de comparer des impressions, de former des jugements, d'associer des idées, d'exprimer des souvenirs » en dépendent. Toutes les facultés supérieures se ré sument dans cet organe.

(1) Longet, *op. cit.*, p. 149.

Le cerveau est simple. N'y cherchez pas de séparations réelles, de départements distincts. Tous ses lobes s'associent étroitement et concourent à la même fonction. Son unité est indivisible. Elle est faite du reste à l'image de l'intelligence qui y a son siège et est le principe et la source de toutes les facultés.

L'intégrité du cerveau n'est pas indispensable à son fonctionnement ; et les célèbres expériences de Flourens gardent leur valeur. « On peut retrancher, soit par devant, soit par derrière, soit par en haut, soit par côté, une portion assez étendue des lobes cérébraux, sans que leurs fonctions soient perdues. Une portion assez restreinte de ces lobes suffit donc à l'exercice de leurs fonctions. Mais, la déperdition de substance devenant plus considérable, dès qu'une perception est perdue, toutes le sont ; dès qu'une faculté disparaît, toutes disparaissent. » (Flourens).

L'intelligence comprend non seulement les « *facultés intellectuelles et morales* », mais les « *facultés affectives.* » En d'autres termes la *sensibilité* rentre dans son domaine ; mais cette sensibilité, qui se rattache au cerveau, n'est pas, qu'on le sache bien, la sensibilité commune, c'est une sensibilité affinée, consciente, telle que peuvent l'élaborer les facultés supérieures de l'esprit. Elle est inséparable de l'intelligence.

La protubérance et le bulbe sont le siège de la sensibilité et de la volonté. Tous les physiologistes le déclarent : ils ont tous observé de la douleur chez les animaux privés de leurs lobes cérébraux. « *Ils crient, donc ils sentent.* » Cette proposition paraîtrait volontiers aux savants mieux assise que celle de Descartes : Je pense, donc je suis.

La sensibilité localisée dans la moelle allongée est la sensibilité générale, commune. Quant à la volonté, c'est une volonté inférieure, nullement raisonnée ni intelligente, une « *volition* » comme disent les auteurs, en rapport avec la vie animale et suffisant à satisfaire tous ses besoins.

Telles sont les principales données de la physiologie ancienne. Hier encore elles étaient acceptées par tous. On regardait le cerveau et particulièrement la substance grise corticale comme le siège de l'intelligence. Quant à la sensibilité et à la motilité, toujours attribuées à des organes de la base cérébrale, elles ne l'étaient pas exclusivement à la protubérance. Plusieurs auteurs, Foville entre autres, plaçaient le centre des mouvements volontaires dans les ganglions centraux. Tout le monde connaît les tentatives encore récentes de Luys pour fixer dans les couches optiques le siège des sensibilités générale et spéciale.

Le sens de ces derniers travaux ne changeait pas du reste l'orientation de la science. Toujours on réservait les hémisphères aux facultés supérieures de l'esprit. Toujours on reléguait dans les parties basses de l'encéphale, ganglions centraux ou protubérance, les facultés inférieures de la vie animale, la sensibilité et la motilité. Là, dans ces centres inférieurs, s'opéraient les perceptions sensibles et les incitations motrices ; plus haut, au sein de la substance grise corticale, se déroulaient les phénomènes intellectuels.

Toute cette physiologie, édifiée pourtant sur l'observation et l'expérience, enseignée par des maîtres éminents, a dû être abandonnée : elle a reçu, nous le verrons, une contradiction positive de la doctrine des localisations. Les expériences qu'elle accusait ont été renouvelées et ont donné un témoignage tout opposé. Les observations n'ont plus été identiques à celles du passé. La raison n'a pas trouvé son compte dans l'enseignement classique ; et l'on doit savoir qu'elle n'est pas moins nécessaire à la science que les faits.

L'erreur de nos devanciers s'explique. Trouvant un cerveau inexcitable et une moelle allongée sensible, ils négligèrent décidément l'un et étudièrent l'autre avec ardeur. Les sensations et les mouvements furent localisés dans la protubérance. On considéra volontiers le cerveau comme étranger à la vie animale, comme un organe de perfectionnement et de luxe. Toute une classe d'êtres vivants n'en était-elle pas dépourvue?

Le cerveau ne pouvait rester indéterminé. A l'organe il fallait une fonction. On lui imposa d'office l'intelligence. Dès lors, l'encéphale fut plus que jamais abandonné par l'étude. Savants et philosophes le contemplaient de loin, avec respect, avec vénération même. C'était le temple de la pensée, le sanctuaire de l'âme. Ils se gardaient bien d'y porter la main. Qu'on dise si notre tableau est outré et si ce que nous rappelons n'a pas été le spectacle donné par la science !

D'ailleurs nos savants avaient suivi le plus sage parti. Ils se refusaient à toucher au cerveau. Qu'y auraient-ils trouvé? Un amas de contradictions : la doctrine de Flourens en est faite. *Organe intellectuel, intelligence animale*, ces couples hybrides imaginés par la théorie, qui se serait chargé de les unir et de les expliquer? L'ordre est impossible sans la raison, et la science ne se fait pas sans philosophie.

e
l
p
c
p
c
c
s
v
r
o
e

CHAPITRE XIX

LA DOCTRINE DE FLOURENS

Un reproche, souvent adressé aux philosophes, et quelquefois mérité, est de se cantonner dans leur psychologie et d'ignorer la science. Ce reproche, ne peuvent-ils pas le retourner justement contre nous ? Combien de savants connaissent la philosophie? Dans une question mitoyenne comme celle du cerveau, où les faits de l'ordre sensible côtoient ceux de l'ordre psychique, où l'esprit est intimement uni à la matière, comment ces savants veulent-ils porter la lumière et espèrent-ils réussir avec des connaissances très incomplètes ou erronées sur la nature de l'homme? De pareils efforts sont nécessairement infructueux et rendent bien difficile la tâche de ceux qui viennent ensuite aborder le même problème.

Avec sa science consommée, avec les puissantes facultés de son esprit, Flourens n'a pas réussi à pénétrer le mystère du cerveau et l'a compliqué à plaisir : *il n'avait pas de philosophie.*

Pour résoudre les hauts problèmes soulevés par ses expériences, il imagina de toutes pièces sur l'âme et la vie un système particulier, une doctrine que notre devoir est d'examiner ici, mais que nous nous refusons à définir. De plus habiles que nous ont renoncé à la tâche (1). A quelle école se rattache-t-il ? Quelle idée vraie se fait-il de l'intelligence, de l'instinct, des sensations ? Nous nous déclarons incapables de le dire.

L'« *intelligence* » de Flourens n'est pas celle que nous savons, c'est l'assemblage de toutes les facultés, sensation, mémoire, volition, réflexion, imagination, etc. Elle a pour organe le cerveau. Supprimez l'organe, tout disparaît. L'intelligence est une, malgré ses nombreuses facultés ; le cerveau est un en dépit de la complexité de sa structure. L'unité est la base du fonctionnement de l'encéphale. Il serait difficile de ne pas voir là une

(1) M. Francisque Bouillier notamment. Voir son beau livre *le Principe vital et l'Ame pensante,* p. 441-446.

conséquence de la phrénologie, une réaction violente contre les exagérations de Gall. Celui-ci mul-
tipliait à l'infini les fonctions, les facultés, Flourens
les rassemble et les ramène à l'unité ; Gall éparpil-
lait à plaisir les organes dans la masse nerveuse,
Flourens les concentre et les réunit en bloc dans
un organe unique et indivis.

Les deux procédés se valent : ils n'ont pour eux
ni la logique ni les faits.

Quelle est la nature de l'intelligence ? Est-elle
spirituelle ? Est-elle organique, matérielle ? Ici les
conjectures ont libre cours, car le sentiment de
Flourens n'est pas connu. La spiritualité de l'intelligence pourrait facilement se soutenir en raison
de l'unité qu'il lui reconnaît, du caractère élevé
qu'il lui donne, de la différenciation profonde qu'il
en fait avec la vie. Mais, à côté de ces bons arguments, que de difficultés insurmontables ! Que
d'arguments contraires ! On proclame l'indépendance de l'intelligence et on en fait une fonction :
on se dit spiritualiste et on est matérialiste. L'intelligence a un organe : elle est donc matérielle. Elle
a des pensées abstraites, c'est vrai ; mais elle
comprend aussi dans son vaste ressort des fonctions
qui n'ont rien d'idéal, la sensation par exemple,
même perçue, même élaborée. Les contradictions
s'accumulent forcément sur ce point, appelées par

une confusion déplorable. La sensation n'est pas l'intelligence ; la volonté n'est pas le mouvement ; la raison n'est pas la mémoire.

La philosophie apprend à distinguer ces facultés, à les définir, à les ordonner. La théorie de Flourens les mêle et les unit dans une inextricable confusion.

Cette confusion serait vite dissipée si le savant expérimentateur, conformément à la tradition et aux faits, réservait le privilège de l'intelligence à l'homme ou du moins s'il définissait clairement ce qu'il entend par l' « *intelligence animale* ». Il n'a jamais expérimenté sur l'homme, mais il lui applique tous les résultats obtenus dans son laboratoire. Inversement il attribue à l'animal toutes les facultés qu'il reconnaît à l'homme. Il se refuse à voir entre l'un et l'autre aucune différence essentielle et consacre particulièrement tout un livre (1) à défendre cette étrange opinion. D'après lui, les animaux ont « *une intelligence qui étonne et confond la nôtre (2)* » ; ils « *prévoient* », ils « *réfléchissent* », ils « *pensent* » (3), ils ont « *une certaine liberté (4)*. »

(1) *De l'instinct et de l'intelligence des animaux*, 1e édit., 1841 ; 5e édit., 1870.
(2) Op. cit. p. 6.
(3) Op. cit., p. 101.
(4) Op. cit., p. 102.

Ce sont de graves erreurs qu'un mot redresse. Substituez l' « *instinct* » à l' « *intelligence* », et la vérité apparaît.

L'intelligence est ce qui nous distingue de l'animal : c'est notre seule caractéristique essentielle. Les anatomistes peuvent nous dire que nous ne sommes que des « *bêtes* » ; ils ne blesseront pas la vérité, ils ne blesseront même pas notre orgueil. Mais c'est toujours par un inqualifiable abus de langage que les physiologistes attribueront aux animaux les facultés propres à l'homme.

Flourens ne sait pas séparer nettement l'intelligence de l'instinct. Il les confond positivement chez un certain nombre d'animaux « voisins de l'homme », mais, par une contradiction évidente, il déclare que les animaux inférieurs, les insectes par exemple, n'ont pas l'intelligence et sont doués du seul instinct. Pourquoi ? L'instinct de l'abeille ne vaut-il pas amplement celui du pigeon ? L'industrie de la fourmi ne soutient-elle pas la comparaison avec l'industrie du castor sans désavantage ?

On a écrit des livres très intéressants sur l'*esprit des bêtes*, mais la démonstration scientifique en est à faire. Où a-t-on vu que la grenouille, le pigeon ont une « *intelligence ?* » Ce sont là les victimes ordinaires de nos laboratoires. Quelles facultés supérieures ont répondu chez ces petits êtres à l'appel des savants expérimentateurs?

L'intelligence ne serait-elle, comme le voulait Condillac, qu'une « sensation transformée? » Comprendrait-on sous ce nom la faculté locomotrice? Si l'intelligence est de même nature que la faculté de se mouvoir ou de sentir, assurément la grenouille est intelligente. Toutefois la tradition et le bon sens sont d'accord avec l'observation pour ne reconnaître à cet intéressant batracien qu'un instinct très ordinaire, et il faut regretter profondément qu'une telle confusion de langage ait si longtemps embarrassé le terrain scientifique et entravé les recherches les plus délicates et les plus importantes.

L'intelligence, répétons-le, n'appartient qu'à l'homme, et ce n'est qu'en détournant ce mot de son sens étymologique et traditionnel qu'on peut l'appliquer aux phénomènes instinctifs des animaux.

Cette confusion, il est vrai, est constamment faite par le langage vulgaire ; mais que vaut, au point de vue qui nous occupe, le sentiment général? On ne compte pas ses erreurs, mais on les comprend et on les explique. Le lever du soleil par exemple, erreur pour les astronomes, sera toujours une vérité banale pour le populaire. Mais la rigueur est absolument nécessaire à la langue scientifique, et la vérité doit l'inspirer.

Nous savons encore qu'aujourd'hui la confusion indiquée n'est qu'une habile manœuvre. On rabaisse l'intelligence en général, en l'attribuant à tous les êtres, pour pouvoir plus facilement nier l'intelligence vraie qui distingue l'homme et lui donne une incomparable supériorité.

Cette manœuvre échoue devant l'évidence des faits. Entre l'homme et le singe, nous l'avons vu, il y a un abîme, qu'il faut reconnaître. Leur cerveau est identique ou à peu près. Quel savant indépendant voudrait essayer une comparaison entre l'intelligence humaine et l' « *intelligence simienne ?* » Qui oserait les égaler l'une à l'autre ? Si la pensée est un produit du cerveau, organe de l'intelligence, les deux êtres doivent avoir les mêmes manifestations psychiques. Cette conclusion est rigoureuse, et il nous plaît d'y trouver la meilleure réfutation du matérialisme.

M. Ferrier, un des premiers, a expérimenté sur les singes : il a compris l'intérêt puissant qui s'attache à ces recherches, et, par ses nombreuses expériences, nous a fourni des données très importantes. Observateur exact, savant circonspect, il n'a eu garde de dire soit que le cerveau produit l'intelligence, soit que l'intelligence de l'homme est comparable à celle du singe.

Les anciens physiologistes, pour établir leur thèse, n'ont pas eu recours au singe, l'animal dont l'organisation générale se rapproche tant de la nôtre ; ils ont expérimenté sur des êtres inférieurs, sur des grenouilles, des pigeons, des rats, des chiens. Entre le cerveau du pigeon et celui de l'homme, les analogies sont bien lointaines ; et l'on parle de rapprocher l'intelligence de l'un et de l'autre, de les assimiler en quelque sorte !

De tels procédés méconnaissent la logique non moins que la science, et il y a longtemps que savants et philosophes ont protesté contre eux. M. Francisque Bouillier a justement signalé leur inconséquence : « Quand même, écrit-il, tous ces animaux vivants, mis à la torture, donneraient des réponses identiques, parfaitement nettes et précises, comment conclure avec certitude de ce qu'on a expérimenté sur le cerveau d'un poulet, découpé par tranches, à ce qui se passe dans le cerveau vivant de l'homme, sur lequel, grâces à Dieu, il n'est pas permis d'expérimenter ? (1) » M. Bouillier ne se doutait pas, en écrivant ces

____

(1) *Le Principe vital et l'Ame pensante*, 1873. 2° édit., p. 442.

lignes, qu'un jour, en Amérique, on verrait un physiologiste, oublieux de ses devoirs, expérimenter sur une pauvre femme, dont une tumeur avait perforé les os du crâne, et enfoncer méthodiquement dans sa pulpe nerveuse des aiguilles exploratrices.

La science de Flourens était insuffisante. Nul ne lui reprochera des erreurs que les progrès de la physiologie ont seuls pu dissiper. Mais on accusera toujours avec raison cet illustre savant d'avoir méconnu, dans ses leçons et ses expériences, les principes les plus élémentaires de la philosophie. Il professait un spiritualisme élevé ; et l'on doit dire que, par sa doctrine, il a bien servi la cause matérialiste.

CHAPITRE XX

Dans la difficile question du cerveau, nous avons vu les vaillants efforts des premiers expérimentateurs. Malgré leur science, malgré leur persévérance, ils ont échoué. Les raisons de leur insuccès sont multiples. Des idées préconçues leur barraient la route et firent dévier la science. Leurs principes les guidaient fort mal dans les expériences. La pratique des vivisections, encore neuve, prêtait à de longs tâtonnements. Enfin, les procédés mis en usage étaient primitifs, insuffisants : l'avenir en réservait de meilleurs.

Dans des expériences aussi délicates que celles qui s'appliquent au tissu cérébral, le scalpel, même conduit par une main habile, est souvent aveugle et produit des confusions inévitables. Les connexions entre les fibres et les cellules sont intimes et multipliées. Que l'on détruise, que l'on retranche un amas de cellules nerveuses ou que l'on coupe les fibres qui s'y rattachent, on obtient un effet identique, mais l'interprétation n'est-elle pas des plus différentes? On peut juger, par cet exemple, si les méprises des physiologistes ont dû être fréquentes.

Du reste, il faut le dire, ces savants ont senti les difficultés de leur tâche : ils ne se sont pas fait d'illusion sur la valeur de leurs expériences, ni sur celle de leur esprit. L'un d'eux, Longet, déclare même très sincèrement qu'il ignore, après comme avant ses recherches, le mode de fonctionnement du cerveau. « Chez des chiens et des lapins, écrit-il, nous avons produit des désorganisations partielles sur bien des régions différentes des deux lobes cérébraux, et spécialement sur leur région antérieure. Mais, ou bien nous n'observions rien de particulier, parce que la lésion était trop légère; ou bien, celle-ci étant plus profonde, il survenait des phénomènes complexes dus à l'épanchement de sang dans les parties voisines, et alors les animaux succombaient trop tôt pour que nous eussions pu tirer de ces expériences des inductions rigoureuses. Survivaient-ils quelques jours, il nous devenait impossible de déterminer, par une série d'épreuves suffisantes, le genre et le degré de lésion intellectuelle ; confessons-le, il nous aurait fallu plus de perspicacité pour démêler, à travers les expressions de la souffrance, celles des différentes facultés, des divers instincts ou penchants. D'ailleurs, Bouillaud lui-même, n'avoue-t-il pas modestement « qu'en exposant les résultats de ses propres recherches, il est bien loin de se faire illusion sur leur peu de valeur, mais qu'il a pensé que, tels qu'ils sont, ils pourraient donner l'éveil à des expérimentateurs plus habiles et provoquer des travaux plus sérieux (1) ». La modestie ici égale le savoir : c'est la règle. Mais aujourd'hui, que d'exceptions !

Les expériences ont certes une grande valeur, mais les plus habiles peuvent laisser dans l'esprit quelque doute. Toutes les conditions ont-elles été remplies ? Les effets ont-ils été soigneusement notés, distingués les uns des autres ? La nature n'a-t-elle pas subi une violence capable de fausser sa réponse ? Ce sont là des réflexions qui surgissent d'elles-mêmes, surtout lorsque l'organe en étude est aussi délicat et aussi complexe que le cerveau.

La clinique ne prête pas à de telles objections : elle offre des expériences toutes faites. Assurément,

____

(1) *Op. cit.*, p. 420.

pour connaître la vie et résoudre ses obscurs problèmes, c'est la *science maîtresse*. Le savant peut avouer sans honte que les expériences de la nature sont mieux conduites que les siennes. La maladie s'empare lentement de l'organisme : on observe ses débuts, on suit ses progrès avec la succession des symptômes ; et, à la mort, des lésions bien caractérisées nous éclairent sur les effets du mal. Ce n'est pas tout : le physiologiste nous fait connaître l'animal ; le clinicien seul nous révèle l'homme. Ainsi, par une heureuse compensation, ce vaste champ de la maladie, si fertile en douleurs de toute sorte, devient l'origine des notions les plus exactes sur notre nature.

Loin de nous la pensée de dédaigner les expériences physiologiques : nous leur devons d'immenses progrès. Mais seules, elles pourraient nous égarer ; et la clinique vient à point leur offrir une vérification, une confirmation précieuses. Elles trouvent au lit du malade et à l'amphithéâtre une contre-épreuve utile, nécessaire même, et comme une sorte de consécration. La physiologie et la clinique se complètent mutuellement : quand elles ont scruté une même question, si l'on compare leur enseignement et qu'il concorde, ne peut-on pas dire la question résolue ? C'est ce que nous observons au sujet du cerveau et de son fonctionnement.

Ce n'est certes pas auprès des praticiens exclusivement voués à l'art et à la science, que la thèse matérialiste trouve aide et faveur. Ils sont bien loin de rester indifférents à la grosse question des rapports du cerveau et de la pensée ; mais plus ils l'étudient, plus ils la trouvent ardue et compliquée. Nous citons plus loin (1) le sentiment des maîtres ; c'est, avec l'autorité en plus, le sentiment commun. Il est impossible d'établir une relation causale quelconque entre la fonction du cerveau et l'intelligence ; un savant aliéniste, M. Jules Falret, exprime l'opinion générale des observateurs, quand il dit : « On peut poser en principe que les lésions les plus légères des membranes ou de la surface du cerveau sont accompagnées des troubles les plus marqués des fonctions intellectuelles, motrices et sensitives, tandis que les lésions les plus considérables peuvent exister pendant de longues années dans l'encéphale sans déterminer de perturbations notables des fonctions cérébrales, quelquefois même sans donner lieu à aucun symptôme appréciable ».

Que signifient ces différences ? On est loin d'être d'accord. La plupart sont de l'avis de Longet et avouent leur complète ignorance. D'autres, en-

(1) Voir le chapitre XXIV, *Les aveux de la science*, page 207.

traînés dans les voies trompeuses de l'organicisme, croient que les symptômes varient suivant le siège de la lésion, en d'autres termes que les facultés intellectuelles se répartissent dans certains points du cerveau et que ces points doivent être lésés pour provoquer des troubles psychiques : double erreur que l'observation réfute, en montrant, d'une part, que l'intelligence ne se localise pas, et de l'autre, que la lésion et la maladie ne sauraient être identifiées ensemble (1). On objecte la folie, et on croit cet argument irrésistible. L'intégrité du cerveau, dit-on, c'est l'intégrité de l'intelligence : le dérangement des facultés supérieures tient au dérangement de la masse encéphalique. Il faut encore renoncer à cette illusion : les auteurs signalent de nombreux cas de folie où le cerveau n'a présenté aucune trace d'altération.

On a noté depuis longtemps l'état de l'intelligence dans la grande classe des hémorrhagies cérébrales. Les observations sont des plus variées, et l'on peut répéter après MM. Bardy et Béhier, que « suivant les circonstances, l'intelligence peut être intacte ou sensiblement diminuée jusqu'à la démence, ou entièrement abolie lorsqu'existe le

(1) Voir sur ce point les belles études de notre regretté maître, Chauffard, et surtout ses *Principes de pathologie générale*, 1862.

coma (1) ». Sans doute l'opinion courante veut que l'intelligence ne soit altérée que si les circonvolutions sont atteintes; mais d'éminents cliniciens, Andral, Cruveilhier l'ont réfutée par avance à la lumière des faits, et nous verrons plus loin que la science actuelle justifie pleinement le sentiment de nos maîtres.

L'intelligence se voile aussi bien dans un grand traumatisme cérébral que pour la cause la plus légère. Il faut se garder, toutefois, de confondre avec des faits intellectuels, des phénomènes qui en sont indépendants. La défaillance, par exemple, la perte du sentiment et du mouvement, qu'on observe si souvent, relève de la vie sensitive. Assurément l'intelligence subit alors une éclipse : n'est-elle pas liée étroitement à la vie nerveuse? Mais cette faculté supérieure ne sombre pas facilement et s'affirme parfois seule d'une facon inattendue : on la voit reparaître alors que la sensibilité reste obtuse, ou que la paralysie s'aggrave et se complète. Les faits cliniques démontrent bien qu'il y a des relations intimes entre l'intelligence et la sensation; ils prouvent aussi, quand on les interroge avec soin, que ces deux facultés ne se confondent pas, et sont d'ordre différent.

(1) *Pathologie interne*, t. III, 1re partie, p. 451 : 2e éd., 1869.

On a prétendu que l'intelligence se localisait dans les lobes antérieurs et on a cité, en manière de preuve, des cas nombreux et parfaitement vérifiés, où la lésion de ces lobes a été suivie de troubles psychiques. Les auteurs nous fournissent des cas non moins nombreux, non moins authentiques, où l'altération des mêmes lobes a laissé l'intelligence entière. Ce serait allonger indéfiniment ce chapitre que de rappeler les observations si concluantes que nous avons notées; qu'il nous suffise de signaler celle qui fut communiquée par Bérard à la *Société anatomique* (1). « Il s'agissait d'un cas de fracture avec enfoncement de la paroi antérieure du crâne et *broiement des deux lobules antérieurs* du cerveau, surtout dans leur portion qui repose sur la voûte orbitaire. Amené à M. Bérard, le blessé *jouissant de toute sa raison*, put raconter lui-même les détails de son accident. La sensibilité et le mouvement volontaire étaient conservés. Toutefois il semblait y avoir une légère hémiplégie faciale du côté droit. Le malade mourut bientôt dans le coma. »

Les lobes postérieurs ne sont, pas plus que les

(1) Séance du 15 mars 1843. L'observation est relatée dans Longet, *Anatomie et physiologie du système nerveux*, t. I.

antérieurs, le siège de l'intelligence. La clinique le prouve surabondamment, et, sans insister davantage, on peut dire qu'avec ses seules ressources elle a mis au jour des vérités importantes. Aujourd'hui que la physiologie, enfin sortie de ses erreurs, est entrée dans la voie féconde des localisations, la pathologie est appelée à lui donner un précieux concours : elle résoudra avec elle la question du fonctionnement cérébral.

CHAPITRE XXI

L'ERREUR CARTÉSIENNE

Avant d'aller plus loin, il faut avoir la raison du matérialisme qui a si malheureusement inspiré les travaux précédents, et à cette heure règne en maître dans la science. Pourquoi les savants, et souvent les plus recommandables, j'allais dire les plus spiritualistes, ont-ils affirmé de nos jours que le cerveau produit et explique les facultés intellectuelles? Assurément, l'observation et l'expérience ne les ont pas conduits à cette conclusion; nous avons vu qu'elles la contredisent. Il faut chercher ailleurs la cause du matérialisme scientifique.

La question qui nous occupe est mixte: elle relève également de la physiologie et de la philosophie. La solution qui lui convient dépend uni-

quement de leur accord. Cet accord n'a pas fait
défaut dans les temps anciens ni au moyen âge.
Alors, l'unité de l'homme ne fut jamais sérieusement contestée. Il était réservé aux temps modernes de voir cette unité ébranlée, puis détruite,
l'animisme vaincu et le matérialisme triomphant.

Le divorce existe entre la philosophie et la
science. A qui revient le triste honneur de l'avoir
établi en attaquant les vieilles idées, sinon à Descartes (1)? C'est lui qui divise la personne humaine, jusque-là respectée, et qui, pour mieux
l'expliquer, la mutile et la défigure. Il reconnaît
également l'*âme* et le *corps*, mais entre les deux
il nie *tout rapport*. Il ne voit dans l'âme que la
pensée et dans le corps qu'un pur *mécanisme*.
Mais il faut citer le texte même du savant philosophe, pour bien montrer que ses idées physiologiques, aussi absolues que celles de nos savants
modernes, en font leur véritable précurseur.

Descartes suppose un corps essentiellement semblable au nôtre, « tant en la figure extérieure de
ses membres qu'en la conformation intérieure de
ses organes », avec la chaleur dans le cœur.

(1) La critique particulière que nous faisons ici des opinions de Descartes n'enlève rien, est-il besoin de le dire, à
l'admiration et au respect que nous avons pour le grand
penseur.

« Examinant, dit-il, les fonctions qui pouvaient, en suite de cela, être en ce corps, j'y trouvais exactement toutes celles qui peuvent être en nous sans que nous y pensions, ni par conséquent que notre âme, c'est-à-dire cette partie distincte du corps dont la nature n'est que de penser, y contribue, et qui sont toutes les mêmes, en quoi on peut dire que les animaux sans raison nous ressemblent, sans que j'y en pusse pour cela trouver aucune de celles qui, étant dépendantes de la pensée, sont les seules qui nous appartiennent en tant qu'hommes : au lieu que je les y trouvais toutes, par après, ayant supposé que Dieu créât une âme raisonnable et qu'il la joignît à ce corps en certaine façon que je décrivais (1). »

Tous les animaux sont donc des automates; et, pour ne pas laisser de doute, Descartes écrit : « Et je m'étais ici particulièrement arrêté à faire voir que s'il y avait de telles machines qui eussent les organes et la figure extérieure d'un singe ou de quelque autre animal sans raison, nous n'aurions plus aucun moyen de reconnaître qu'elle ne serait pas *en tout* de même nature que ces animaux (2). »

Il n'y a donc pas d'hésitation à garder. Descartes

____

(1) *Discours sur la méthode*, V^e partie. Voy. aussi le *Traité de l'homme.*

(2) *Op. cit.*

n'admet ni principe végétatif ni principe sensitif :
il est « organicien » dans toute la force du terme.

Comment a-t-il pu concilier son opinion physiologique, si nettement matérialiste, avec le spiritualisme élevé qu'il a professé? C'est ce qu'il sera
toujours impossible de dire.

Les disciples de Descartes n'ont pas suivi très
exactement sa doctrine. Mais tous ont gardé ses
idées sur les rapports du physique et du moral. Ce
qui est plus grave, les différents systèmes de philosophie se sont eux-mêmes inspirés plus ou moins
de l'erreur cartésienne. Le divorce entre l'âme et
le corps est passé à l'état de vérité reconnue et indiscutable. Les convictions les plus solides ont
fléchi sur ce point; et c'est à peine si, de nos
jours, la réaction contre cette pernicieuse erreur
commence à naître et à se manifester. Maine de
Biran n'a-t-il pas essayé (1) de la rajeunir; et, dans
son fameux mémoire *sur la légitimité de la distinction de la psychologie et de la physiologie*,
Jouffroy n'a-t-il pas soutenu encore avec vigueur
un antagonisme inconcevable?

L'erreur, avons-nous dit, était pernicieuse; et,
en effet, elle a nui également à la philosophie et à
la science.

(1) Voir notamment les *Essais d'anthropologie*.

Les philosophes ont déserté le grand terrain où s'étaient établis les anciens, pour s'attacher à l'étroit domaine de la psychologie. Ils se sont réfugiés dans l'étude du moi et ont scruté ses moindres profondeurs, ne se souciant même pas de connaître la personne humaine avec ses multiples facultés. Indifférents aux travaux scientifiques, ils n'ont cultivé que le champ de la conscience et ont à peu près abandonné les questions si vastes et si capitales de l'anthropologie.

Les savants, de leur côté, déchargés de toute règle philosophique, ont abordé l'étude de l'homme par tous les côtés. Cette étude leur était livrée tout entière : pourquoi l'auraient-ils délaissée? Fascinés par leurs propres succès, ils ont voulu tout comprendre et tout expliquer.

On comprend leur ambition; qui blâmerait leur audace? N'avait-elle pas son excuse et comme sa légitimité dans l'injustifiable désertion des autres? Aux esprits inquiets qui leur jetaient le reproche de matérialisme, ils pouvaient répondre : « Nous ne nous occupons que des corps, nous laissons l'âme aux philosophes. » Si les spiritualistes insistaient, soulevant encore de nouvelles objections, on se retranchait derrière la grande autorité de Descartes : quel philosophe l'aurait contestée? Et c'est ainsi que la science, versant dans un matéria-

lisme presque inconscient, à la faveur de l'indifférence volontaire des uns et de l'ignorance native
des autres, a édifié cette théorie si étrange que nous
avons fait connaître : le cerveau considéré comme
l'organe de la pensée.

La doctrine de Descartes se retrouve facilement
dans presque toutes les philosophies : elle n'a pas
eu un moindre retentissement dans la science. Il
serait d'un haut intérêt d'en suivre la trace et d'en
découvrir l'influence au dix-huitième siècle dans
les travaux des naturalistes, des physiologistes, et
surtout dans nos écoles de médecine; mais un tel
dessein nous entraînerait trop loin. Bornons-nous
à l'époque actuelle, et nous n'aurons pas de peine
à prouver notre dire.

On connaît les curieux et vains efforts tentés
par Flourens pour séparer la vie de l'intelligence
et les rendre comme étrangères l'une à l'autre (1).
Nul n'y verra une intention hostile au spiritualisme,
que tout contredirait, mais au contraire l'influence
certaine, quoique inconsciente, du cartésianisme.
Cette influence est loin d'être heureuse. Rien de
plus singulier et, qu'on nous passe le mot, de plus
ingénu que les vues à moitié physiologiques et
philosophiques du savant expérimentateur. « Le

(1) *De la Vie et de l'Intelligence.*

point capital, dit-il, de toutes mes expériences sur le système nerveux, est la *séparation de la vie d'avec l'intelligence*, et de toutes les propriétés vitales d'avec les propriétés intellectuelles. » Et il ajoute sérieusement : « Je dis l'intelligence distincte de la vie, parce que *l'intelligence réside dans un organe où ne réside pas la vie*, et, réciproquement, la vie dans un organe où ne réside pas l'intelligence, parce que je puis ôter l'organe de l'intelligence, et l'intelligence par conséquent, sans toucher à la vie, sans ôter la vie, en laissant la vie tout entière (1). » Pour souscrire à ces étranges conclusions, M. Francisque Bouillier ne pose qu'une exigence cruelle, mais plaisante autant que sensée : il demande la contre-épreuve. « Si la vie subsiste sans l'intelligence, dit-il, nous ne voyons pas que l'intelligence subsiste sans la vie. » Mais les procédés de laboratoire n'isolent pas encore les purs esprits : l'habileté de Flourens n'a su du moins les obtenir.

De telles erreurs sont graves quand elles tombent d'une bouche aussi autorisée que celle de Flourens : elles prennent corps, se fixent dans la science et ne tardent pas à constituer une tradition. Cette tradition, perpétuant le divorce entre la physiologie et la philosophie, s'est transmise jusqu'à

(1) *Op. cit.*, préface.

nous, au détriment de la vérité et du progrès. Elle a perdu seulement le caractère spiritualiste de ses origines.

Aujourd'hui, les philosophes et les savants sont profondément divisés : les premiers admettent l'âme, les seconds la nient et ne reconnaissent que la matière.

CHAPITRE XXII

Il y a peut-être des questions plus difficiles que celle du cerveau; mais nulle n'est plus obscurcie par nos divisions: on la dirait compliquée à plaisir. Qui dira la profondeur du malentendu qui règne sur les discussions actuelles et en explique seul la violence et la stérilité? Le spectacle en est aussi triste que décourageant. Les uns, voués à l'étude des phénomènes psychiques, ne voient pas ou ne veulent pas voir le lien qui les relie nécessairement au cerveau, et restent sourds à l'enseignement de la science, tout en déplorant ses empiètements; les autres, courbés vers la terre, refusent de regarder plus haut et nient de parti pris l'évidence de la pensée. Selon les philosophes, l'intelligence est trop élevée pour avoir un rapport intime avec la matière; selon les savants, elle se confond avec la sensation et s'explique par le fonctionnement cérébral. Le conflit est manifeste entre ces deux opinions, et il tend à se perpétuer.

Il faut l'avouer, le matérialisme a acquis, à la faveur des idées cartésiennes, une incontestable puissance, et ses sophismes triomphent d'autant plus aisément que la philosophie et l'ancienne logique sont plus dédaignées et abandonnées. La question des rapports du cerveau et de l'intelligence ne l'embarrasse pas. Il enseigne que l'âme n'est qu'un mot ou une abstraction et que le cerveau est vraiment l'organe de la pensée. Cette solution du problème a sur toutes les autres deux avantages : une extrême simplicité et une apparence scientifique. Il faut reconnaître que là seulement résident la force et le succès de cette doctrine, les systèmes opposés étant obscurs, contradictoires et faisant volontiers peu ou point de cas de la science.

La simplicité de la solution matérialiste n'a pas besoin d'être démontrée. Or, s'il est vrai que le vulgaire lui-même comprend l'importance du sujet et suit avec intérêt les investigations de la science, il est malheureusement certain que son ignorance le pousse toujours vers les explications faciles et que le sophisme est trop souvent son maître. Les matérialistes ont parfaitement senti quel attrait et quelle puissance la simplicité donnait à leur doctrine ; et le plus hardi d'entre eux, Vogt, l'a bien montré. Sans chercher à prouver par des faits nombreux et certains la valeur de ses négations, ce savant s'est contenté de jeter dans le public sa fameuse proposition : « *Le cerveau secrète la pensée comme le foie secrète la bile.* » Et la proposition, aussitôt accueillie et propagée avec ardeur, a fait fortune. L'esprit faible accepte facilement de telles assertions : son raisonnement s'enchaîne sans effort et comme de lui-même.

Tout organe, dit-on, a une fonction : le rein secrète l'urine, le foie, la bile, etc. Voici le cerveau. — C'est un organe. — Il a une fonction. — Qui songerait à nier tout rapport entre ce cerveau et la pensée? On ne pense pas sans cerveau : c'est une vérité manifeste. Donc, conclut-on, la fonction du cerveau est de penser.

Le raisonnement est faible, et il serait long de démontrer combien il est vicieux. La pensée a des rapports incontestables, et incontestés, avec le cerveau : elle n'en est ni la fonction, ni l'effet. On verra plus loin que la fonction n'est pas un résultat, un produit de l'organe. Il y a là plusieurs sophismes avérés, que la moindre logique eût fait éviter. Qu'importe? La solution matérialiste dispense de

longues réflexions, de tout raisonnement fatigant.
Beaucoup de savants l'ont adoptée : tous n'ont pas
la hardiesse de Vogt, peu ont sa franchise ; mais ce
qui leur est commun, c'est la prétention d'expliquer par le fonctionnement cérébral toutes les manifestations de l'intelligence. Pensées abstraites et
concrètes, conscience, volonté, mémoire, tout cela
dépend du cerveau, comme des effets de leur cause.

C'est ici qu'apparaît le second avantage des matérialistes. La vérité les confond ; ils la violent. Ils
ne cessent de joindre et d'identifier leur doctrine à
la science ; ils affirment, d'une part, que tous les
faits d'observation déposent en leur faveur ; ils soutiennent de l'autre que la thèse opposée ne peut
s'appuyer sur aucun fait scientifique. Cette tactique
est habile, sinon honnête : elle est heureuse, parce
que, loin de la déjouer, les spiritualistes la favo-
risent.

Ceux-ci, en effet, sont le plus souvent étrangers
à la science : quelques-uns même la considèrent
comme naturellement hostile à leur doctrine. En
face des redoutables attaques du sensualisme, ils se
sont persuadés qu'il faut maintenir une distinction
absolue entre la physiologie et la philosophie. L'une
scrutera à loisir les secrets de la vie ; l'autre étu-
diera l'âme et ses facultés ; chacune, dans sa
sphère, restera libre et indépendante.

Cette étrange théorie, qui a reçu bien des adhésions, et qui séduit encore tant d'esprits, a causé tout le succès du matérialisme : comment le méconnaître aujourd'hui ?

Sur la grande question des rapports du physique et du moral, les spiritualistes, restés indifférents, n'ont pas eu une doctrine commune à opposer à leurs adversaires. Certains n'ont pas craint d'affirmer que le cerveau est l'organe de l'intelligence. La plupart ont professé qu'il en est la condition, et non la cause. Mais, au delà de cette affirmation peu décisive, il serait difficile de trouver une doctrine suivie et précise. Il est temps de sortir de cette confusion et de cette incohérence, et d'opposer au matérialisme qui profite de nos divisions et nous envahit de toutes parts, une grande doctrine conciliant à la fois les intérêts du spiritualisme et de la science.

CHAPITRE XXIII

LA PHILOSOPHIE CLASSIQUE

La philosophie classique est jugée. Son insuffisance en face du matérialisme n'est plus à démontrer : elle en a, dirait-on, conscience et se défend sans foi et sans vigueur. Dans une lutte sérieuse où son existence même est en jeu, elle ne provoque pas son adversaire sur son propre terrain ; elle ne cherche pas à l'y vaincre. Elle ignore la science.

Prenez le dernier grand ouvrage de l'école, le *Dictionnaire des sciences philosophiques*, publié sous la direction de M. Franck ; cherchez-y des indications sur les problèmes mixtes qui nous intéressent, vous n'en trouverez aucune (1). L'article

(1) Contraste curieux, le *Cerveau* n'a pas d'article, la *Folie* en a un.

sur l'*Intelligence* devrait nous éclairer sur la constitution de notre personne ; on y rencontre à peine une fois le nom du cerveau, on n'y apprend rien de ses rapports avec l'esprit ; on se demande vraiment si notre intelligence a quelque lien avec le corps. En philosophie, la séparation des domaines est d'un bon usage, comme, en politique, celle des pouvoirs ; mais, sous prétexte d'ordre, il ne faut pas créer l'anarchie en poussant cette séparation à l'extrême et en la transformant en un divorce irréparable.

Si la philosophie est livrée à l'abandon, si elle meurt de faiblesse, c'est à son erreur qu'elle le doit. Les jeunes générations, affamées de science et de vérité, ont cherché chez elle la clef de l'une et de l'autre ; ne la trouvant pas, elles ont déserté avec ensemble. Elles lui demandaient moins des idées sur la conscience, que chacun peut interroger à son aise, que des notions sur l'âme, la vie, l'intelligence et leurs communs rapports ; elles n'ont rien obtenu et sont allées à la science, matérialistes ou sceptiques. L'ennemi ne comptait donc que des déserteurs. Qu'a-t-on fait pour les ramener ? On a créé la *Ligue contre l'athéisme*, et on attend... sous l'orme.

Devant l'opinion qui nie l'âme et toutes ses facultés, quels arguments produit-on pour affirmer la nécessité d'un principe spirituel? A dire vrai, nous n'en connaissons qu'un, en dehors des raisons de tradition et de sentiment qui sont insuffisantes ici. Cet argument unique peut se résumer ainsi :

La conscience, la volonté, la perception, l'intelligence sont indéniables. Or, elles sont sans analogie avec tout ce que nous voyons dans le monde extérieur, et inexplicables par les lois physiques. Donc, l'âme est une réalité avec toutes ses manifestations, et cette réalité est même plus évidente que celle des corps visibles.

« Quelle analogie y a-t-il entre un mouvement et une douleur? dit M. Jacques, un philosophe. L'un a lieu dans l'étendue; il commence à un point et se termine à un autre; il est rapide ou lent; son trajet est droit ou courbe, et il peut être figuré par le dessin. L'autre n'a que de la durée : il y a de longues souffrances, il n'y en a pas d'étendues; il y en a de fortes et de faibles, il n'y en a pas de courbes ni de droites; enfin, aucune sorte d'image sensible ne peut représenter la douleur. » (1)

L'argument est connu ; on comprend les innombrables développements qu'il peut recevoir. Le cerveau a étendue, poids, densité et couleur. La pensée n'est ni dense, ni colorée, ni pesante, ni

(1) *Manuel de philosophie*, p. 31.

étendue. Entre les deux, il n'y a pas d'analogie, il ne peut donc y avoir rapport de cause à effet.

Loin de nous la pensée de repousser cet argument : il n'est pas sans prix. Mais ici, employé seul pour dissiper le grave conflit qui s'est élevé entre matérialistes et spiritualistes, non seulement il n'offre qu'une valeur très relative, mais il est trompeur. Remarquons, en effet, qu'il s'appuie en dernière analyse sur l'*étendue* pour différencier le cerveau et la pensée. On se croit invincible sur ce terrain. C'est une illusion dangereuse que nourrit encore l'erreur cartésienne et qu'il faut décidément dissiper.

D'après Descartes, la caractéristique des corps réside dans l'*étendue*. Mais qu'est-ce que l'étendue? Est-ce bien une qualité des corps absolument irréductible? Il est permis d'en douter. Nous ne discuterons pas ici cette grande et belle question que soulève le dynamisme; mais chacun sait que les meilleurs esprits ne croient pas à l'étendue comme qualité essentielle des corps (1) L'argument n'offre donc pas une solidité suffisante.

La vraie question, préliminaire à toute autre, est celle-ci : le fonctionnement cérébral explique-t-il

____

(1) Voyez les travaux d'Ubaghs, Magy, P. Carbonnelle, Levesque, Janet, etc.

les phénomènes regardés par les anciens comme spirituels et attribués à l'âme? C'est une *question scientifique* qui se pose et qu'il faut considérer en savants; l'observation et l'expérience seules peuvent la résoudre. Les spiritualistes, il est vrai, lui donnent une solution favorable à leur doctrine, mais quelle valeur a cette solution, si la science leur est étrangère et fait défaut à leurs déductions? De quel poids, au contraire, est le témoignage des faits, surtout quand ces faits sont étudiés avec logique et sans parti pris? Les spiritualistes ont eu tort de prendre à leur charge la solution d'un problème mixte et de s'en réserver comme le monopole. Cette solution est assez difficile pour exiger le double concours de la raison et des faits, de la philosophie et de la science.

CHAPITRE XXIV

LES AVEUX DE LA SCIENCE

Les grands savants, ceux dont la haute valeur assure l'indépendance, ont vu et expérimenté ; et ils se sont convaincus de plus en plus que le cerveau ne donne pas la raison de l'intelligence. Nous voudrions recueillir ici quelques-uns de leurs témoignages. Ces témoignages sont précieux, ils redisent les affirmations des philosophes, mais ces affirmations ont besoin d'être corroborées par celles que dicte l'observation sévère et rigoureuse des faits. A notre époque, les faits ont une éloquence incomparable et les savants une autorité incontestée.

Citons d'abord les conclusions que formule la science sur les rapports du cerveau et de l'intelligence. Ces conclusions sont bien déduites par M. Gavarret, dans son savant ouvrage sur *les phénomènes physiques de la vie* :

1° Les manifestations psychiques cessent d'être normales toutes les fois que le cerveau est lésé dans sa composition ou dans sa texture (1);

2° Le développement plus ou moins complet des facultés psychiques est, *sinon d'une manière absolue*, du moins pour une large part, subordonné au volume et à la configuration du cerveau (2);

3° Les combustions internes sont plus intenses et les éléments histologiques du cerveau plus actifs pendant toute la durée de la manifestation psychique;

4° Le cerveau *travaille* pendant que l'être vivant réfléchit, pense, compare, veut, etc.

Là s'arrêtent les conclusions de la science. Au-delà surgissent bien des interrogations curieuses, et particulièrement celle-ci : « Le travail cérébral est la *condition nécessaire* de la manifestation psychique : en est-il la *cause suffisante?* » Devant cette question, nous allons le voir, les vrais

(1) Le lecteur sait par ce qui précède les importantes réserves qu'il doit faire sur ce point.

(2) N'oublions pas que M. Gavarret écrivait ces lignes il y a vingt ans. Aujourd'hui, il atténuerait bien davantage sa proposition et la mettrait en rapport avec les faits acquis.

savants reculent ; ils expliquent leur réserve par ce qu'ils ne craignent pas d'appeler leur « ignorance », et ils s'inclinent humblement devant l'inconnu.

Écoutons d'abord le judicieux raisonnement de M. Gavarret : « Du côté du cerveau, dit-il, il y a accroissement de l'activité de combustion, production de chaleur ; cette chaleur transformée devient activité des éléments histologiques de l'organe ; en même temps, il y a manifestation psychique. Entre ce travail intérieur et l'effort psychique, il y a coïncidence parfaite ; le premier est évidemment une condition du second. Mais quel rapport autre y a-t-il entre une combustion et une manifestation psychique ? Quelle commune mesure trouver entre une quantité de chaleur consommée, disparue, et une pensée émise ou simplement conçue ? Tant que cette commune mesure ne sera pas trouvée, nettement démontrée, nous ne nous sentirons pas autorisé à affirmer que le travail cérébral et la manifestation psychique concomitante diffèrent seulement par la forme ; que ces deux efforts sont au fond de même nature ; que le premier est la cause suffisante du second (1). »

(1) *Les phénomènes physiques de la vie*, 1869.

12.

Le savant professeur de la Faculté de Paris n'est
pas seul à déclarer son ignorance en face des phénomènes psychiques et à donner l'enseignement de
la vraie science. « Comment, dit le professeur
Griesinger, comment un phénomène matériel physique se passant dans les fibres nerveuses ou dans
les cellules ganglionnaires peut-il devenir une idée,
un acte de la conscience? C'est ce qui est absolument incompréhensible ; je dirai plus, nous n'avons
pas idée de la manière dont on devrait seulement
poser une question relativement à l'existence et à la
nature des intermédiaires qui unissent ces deux
ordres de faits (1). » M. le professeur Jaccoud, qui
cite ces paroles, y souscrit pleinement et pose la
même interrogation : « Comment une excitation
cellulaire est-elle transformée en perception consciente ou en détermination motrice intention-
nelle (2) ?»

M. le professeur Potain, notre illustre maître,
constate l'évidence du rapport entre le cerveau et
la pensée, mais il ajoute : « On ignore profondément
de quelle nature est le rapport qui existe entre
l'accomplissement des phénomènes intellectuels

(1) *Traité des maladies mentales*, trad. Doumic, 1865.
(2) *Traité de pathologie interne*, 4ᵉ éd., 1875, t. I, p. 104,
note 1.

et le fonctionnement des cellules de la couche corticale (1). »

Du Bois-Reymond écrit : « Alors que nous posséderions la connaissance intime du cerveau, les phénomènes intellectuels nous seraient tout aussi incompréhensibles..., nous serions arrêtés par eux comme par quelque chose d'incommensurable !... La connaissance la plus intime de l'encéphale ne nous y révèle que de la matière en mouvement... Mais aucun arrangement ni aucun mouvement de parties matérielles ne peut servir de pont pour passer dans le domaine de l'intelligence. Le mouvement ne peut produire que le mouvement ou rentrer à l'état d'énergie potentielle. L'énergie potentielle, à son tour, ne peut rien, hormis produire le mouvement, maintenir l'équilibre, exercer pression ou traction... Les phénomènes intellectuels qui se déroulent dans le cerveau, à côté et en dehors des changements matériels qui s'y opèrent, manquent, pour notre entendement, de raison suffisante. Ces phénomènes restent en dehors de la loi de causalité, et cela suffit pour les rendre incompréhensibles... Malgré toutes les découvertes de la science, l'humanité n'a pas fait plus de pro-

____

(1) Art. *Cerveau*, Pathologie, du *Dict. encycl. des sciences méd.*, 1ᵉ série, t. XIV, p. 287.

grès essentiels dans l'explication de l'activité intellectuelle à l'aide de ces conditions matérielles, que dans l'explication de la force et de la matière. Elle n'y réussira jamais ! (1). »

Le célèbre physicien anglais, Tyndall, pose des conclusions aussi nettes que celles du savant allemand. « Il est impossible, dit-il, de concevoir le passage de la physique du cerveau au fait correspondant de la conscience intime des sensations, des pensées, des émotions. Même alors qu'on nous a accordé qu'une pensée déterminée et une action déterminée exercée sur le cerveau sont des faits simultanés, nous ne possédons pas encore l'organe intellectuel, pas même un rudiment visible de l'organe intellectuel... Alors même que nos esprits et nos sens seraient assez développés, renforcés, illuminés, pour nous mettre à même de voir et de sentir les dernières molécules du c er-veau ; alors même que nous serions capables de les suivre dans leurs mouvements ; alors que nous aurions la conscience des états correspondants de la pensée et du sentiment, nous serions aussi loin qu'auparavant de la solution du grand problème. Comment les opérations phy-

(1) *Sur les bornes de la philosophie naturelle*, discours à l'*Association des naturalistes allemands*, sept. 1875, *passim*.

siques sont-elles associées au fait de la conscience?
L'abîme entre les deux classes de phénomènes
restera toujours infranchissable (1). »

Enfin Ferrier, le grand physiologiste expérimentateur d'outre-Manche, a reconnu, lui aussi, l'insuffisance de la science devant ce grand problème.
« Comment se fait-il que des modifications moléculaires dans les cellules cérébrales coïncident avec
des modifications de la conscience? Comment, par
exemple, les vibrations lumineuses tombant sur la
rétine excitent-elles la modification de conscience
nommée sensation visuelle? Ce sont là des problèmes que nous ne saurions résoudre. Nous pouvons réussir à déterminer la nature exacte des
changements moléculaires qui se produisent dans
les cellules cérébrales lorsqu'une sensation est
éprouvée, mais ceci ne nous rapprochera pas d'un
pouce de l'explication de la nature fondamentale
de ce qui constitue la sensation (2). »

Ces aveux d'impuissance, que l'on pourrait mul-
tiplier, ont un grand poids; ils enlèvent au matérialisme le masque de sa fausse science, ils mettent
à nu la faiblesse de ses théories.

(1) Discours à Norwich, *les Mondes*, t. XVIII, p. 96 et
suiv.

(2) *Fonctions du cerveau*, trad. fr., 1878, p. 410.

Suffisent-ils à la démonstration de notre thèse, au succès de la vérité? Hélas ! ils n'avancent même pas la solution tant cherchée. Ce qui la retarde indéfiniment, ce qui égare aujourd'hui la science, c'est, chez presque tous les savants, l'ignorance des vraies lois de la vie. L'*organicisme* avoué ou tacite nous pénètre et nous enveloppe de toutes parts. On méconnaît les principes de la saine philosophie, on refuse à la vie ses caractères propres et on professe un matérialisme inconscient. Des savants savent garder vis-à-vis des sectes leur indépendance, avouer sans honte leur ignorance en face des problèmes insolubles; mais, dans la pratique, ils abandonnent cette belle attitude, se contredisent et suivent la mode du jour au détriment de la logique et de l'expérience.

CHAPITRE XXV

LES LOIS DE LA VIE

L'*organicisme*, forme médicale du matérialisme, part d'une pétition de principe : il déclare que rien n'existe en dehors de la matière, il n'admet que ce qui se voit et se touche. Sur le terrain physiologique, son erreur l'amène à prétendre que la *fonction dérive de l'organe* et en est, en quelque sorte, le *produit*, l'*effet* (1). L'organe qui est tangible lui semble nécessairement antécédent à la fonction que l'esprit seul conçoit et affirme. Le cerveau, par exemple, étant considéré a *priori* comme l'organe de la pensée, loin de dériver de la fonction qu'il est chargé de remplir, la précède et en

(1) Voy. Rostan, *Exposition des principes de l'organicisme.*

est la raison suffisante. La pensée est un produit
de l'organe cérébral. Tout dérive de ce premier
principe qu'on tient pour indiscutable et qui méconnaît pourtant et les caractères fondamentaux
de la vie et les lois de la logique.

Jaloux peut-être de la gloire de Carl Vogt, M. Topinard écrit : « Il est impossible de s'illusionner,
et la véritable supériorité humaine consiste à savoir regarder en face la vérité : les plus belles de
nos manifestations intellectuelles, celles dont nous
sommes le plus fiers et à juste titre, sont *le produit d'un organe matériel*, comme la bile est le
produit du foie, comme la circulation est le produit des contractions du cœur. » Il y a là deux erreurs corrélatives. La première est indigne d'un
savant : elle consiste à affirmer *à priori* que l'intelligence est la fonction du cerveau. Tous les
faits, nous l'avons amplement prouvé, la contredisent, et la logique la condamne.

La seconde erreur n'est pas moins nette que la
première. Si l'intelligence était une fonction,
comme on l'affirme, le cerveau n'en donnerait
pas l'explication : il s'y rattacherait au contraire
comme à son principe. Une grande et ancienne
vérité, un instant obscurcie et oubliée, arrive en
effet à se faire jour dans l'esprit des savants contemporains : M. Topinard lui-même l'honore de

son adhésion. Cette vérité, que les progrès de la science ont mise dans une évidence parfaite et qui ne tend à rien moins qu'à enlever au matérialisme sa base essentielle, se résume ainsi : « *La fonction crée l'organe loin d'en résulter.* »

Cette vérité même se rattache au principe qui domine toute la physiologie, à savoir que c'est l'unité vivante qui crée l'organisme et, commandant à tout l'être et à chacune de ses parties, est la loi de sa forme spécifique. Certains savants, voulant nier un fait aussi important, s'efforcent d'attribuer la forme organique, les uns à l'élément anatomique, les autres à l'organe, et Béclard trouve « tout aussi naturel de rattacher la forme des êtres organisés à leur composition spéciale que de rapporter la forme du cristal à la nature et à la proportion des éléments qui le composent (1) ». Heureusement toutes ces tentatives de « *physiologie mécanique* », vraies filles de la théorie cartésienne, échouent devant l'évidence des faits.

La forme des cellules est essentiellement subordonnée à celle des organes qu'elles constituent, et ces organes dépendent eux-mêmes des fonctions, et, par les fonctions, de l'individu. Tout l'agence-

______

(1) *Traité élémentaire de physiologie humaine.* Notions préliminaires, p. 9, 6ᵉ édition, 1870.

ment organique dérive de l'unité puissante qui est partout et ne se localise nulle part. C'est un principe qui a été parfaitement mis en lumière, il y a déjà longtemps, par Milne-Edwards : « La nature propre de chaque animal, dit le savant professeur, est fixée longtemps avant que celui-ci ait aucune des particularités de structure à l'aide desquelles cette nature se manifestera. Le germe n'est pas une miniature de l'animal qui doit en provenir, mais le siège de la force organogénique qui déterminera l'édification de cet être nouveau. Chaque animal porte en lui le principe du genre de vitalité propre à son espèce, bien avant d'avoir dans sa structure rien qui soit en rapport avec son mode d'activité future ou qui le distingue d'autres individus, dont les facultés et les organes seront différents. Ne croyez pas que, si j'attache une si grande importance aux études anatomiques, c'est parce que j'attribue à ce mode d'arrangement de la matière, dont les animaux sont composés, le merveilleux ensemble de propriétés vitales dont ces êtres sont doués, et que, suivant les errements de quelques écoles physiologiques, je considère l'organisation comme étant *tout* dans l'économie du corps vivant. Non : les propriétés physiologiques de l'animal ne sont pas, à mon avis, une *conséquence de sa structure*, mais la *raison d'être* de celle-ci. Chacune de ces machines admirables, en naissant de la main du Créateur, me semble avoir été appelée d'avance à exercer une série d'actes déterminés et porter en elle le germe de la puissance qui la fera agir avant que d'être pourvue des instruments nécessaires à l'exercice de cette force. Il y a toujours harmonie entre les fonctions et les organes, mais ce qui domine dans tout l'être animé et commande en quelque sorte la nature qui lui sera propre, c'est la manière dont les forces qu'il met en jeu doivent s'exercer dans son organisme, et non la manière dont les organes sont constitués (1) ».

Voilà l'enseignement de la science. La fonction est antécédente à l'organe et en est la raison suffisante. Cette loi se vérifie quant au cerveau, par des faits nombreux, au milieu desquels nous choisirons les plus caractéristiques.

Les cellules *géantes* ou *pyramidales* qu'on s'accorde à doter d'une action importante, sont très rares dans les cerveaux des très jeunes enfants, elles n'y apparaissent et ne s'accroissent qu'avec le temps. (Beltz, de Kiew.)

Les physiologistes ont constaté que l'excitation

---

(1) *Leçons sur la physiologie et l'anatomie comparées*, 1857, t. I, p. 2.

des régions désignées comme *centres moteurs* ne provoque aucun mouvement chez les chiens nouveau-nés, et que ces régions ne deviennent excitables que vers le neuvième ou le onzième jour (Soltmann, Rouget, etc.). On doit voir là un fait corollaire du précédent.

L'ossification des sutures ne se fait pas, nous l'avons vu, à une époque fixe : elle coïncide toujours avec le *summum* de développement du cerveau. L'enveloppe de l'encéphale suit docilement son expansion, bien loin de la gêner. Nous avons ainsi la preuve que la fonction cérébrale règle et domine non seulement son organe, mais la boîte osseuse qui le renferme.

Ces divers résultats, dont l'intérêt est considérable, renversent la théorie matérialiste. Non seulement la fonction cérébrale (qui n'est pas l'intelligence) est loin d'être le « produit » de l'organe, mais elle le crée et le régit souverainement.

Voilà des principes de physiologie bien établis. Il est certain qu'ils ne sont pas comparables avec ceux de la physique. Tandis que la matière brute s'explique par ses seuls éléments, doués de propriétés diverses, la vie ne trouve sa cause que dans un principe supérieur qui préside à l'organisation.

Les caractères de la vie sont différents de ceux de la matière brute et établissent entre l'une et l'autre un abîme infranchissable. La logique conduit les matérialistes à le méconnaître et à appliquer à l'étude de l'organisme les procédés qui conviennent au monde minéral. La physiologie devient pour eux une simple annexe de la physique. Ils estiment la valeur d'un être quelconque à son poids ou à son volume. Persuadés que l'organe rend un compte rigoureux de la fonction, ils sont condamnés à toujours rechercher dans le poids de la masse cérébrale la raison de l'intelligence. Nous avons déjà réfuté longuement cette déplorable erreur dans les faits, il faut y revenir encore pour la ruiner au point de vue doctrinal. C'est, on peut le dire, la clef de voûte du matérialisme scientifique : elle constitue son argument de prédilection, elle domine les discussions actuelles et les égare. Elle a séduit bien des philosophes. Plus d'un spiritualiste lui a sacrifié l'indépendance de sa raison et la supériorité de sa doctrine.

Il est difficile de comprendre de pareilles défaillances, celle surtout d'un maître comme M. Janet. Le savant professeur élève bien les réserves les plus formelles sur la question du cerveau, mais, cette exception faite, il est tout rassuré et disposé à admettre la thèse organicienne. « Je comprends, dit-il, que l'on compare un organe au reste du corps, lorsque les fonctions de cet organe ont précisément rapport au corps tout entier (1) : par exemple le système musculaire ayant pour fonction de mouvoir le corps, *si l'on veut en mesurer la force*, il faut évidemment comparer le poids du muscle au poids du corps, car *c'est dans cette relation même que consiste leur fonction* (2). » L'erreur est profonde. Jamais la fonction d'un organe quelconque n'a consisté dans la relation entre son poids et celui du corps. La science moderne ne tolère plus une telle opinion, vieille de deux siècles, et digne du temps où l'animal était considéré comme une pure machine. Nous ne pouvons exposer dans son ensemble la loi physiologique, mais, pour nous en tenir à l'exemple proposé par M. Janet, il est facile de montrer que la force musculaire, la valeur d'un muscle, ne dépend pas de sa valeur ni de son poids.

Nous l'avouons sans peine, notre opinion, bien que basée sur des principes jadis incontestés, est contraire à celle de beaucoup de savants, démodée même si l'on veut. Qu'importe ? Elle répond à l'exigence de la logique et à la vérité des faits : ce

______

(1) Sans le vouloir, M. Janet fait une pétition de principe en affirmant que les fonctions du cerveau n'ont pas rapport au corps tout entier. Les derniers travaux de la science lui donnent tort.

(2) *Le cerveau et la pensée*, p. 30-31

qui le démontre bien, c'est la confirmation inattendue qu'elle reçoit de ses adversaires.

M. Béclard, par exemple, partage l'entraînement
commun. « On peut dire, écrit-il, d'une manière
générale que la force d'un muscle est d'autant
plus grande que le poids de ce muscle, dégagé
autant que possible de tout ce qui n'est pas la fibre
charnue, est plus considérable (1). » Mais ce savant physiologiste sait bien que la physiologie
n'est pas la physique, et l'évidence de la spontanéité vivante, qu'il a tant de fois vue à l'œuvre
dans ses belles expériences, lui arrache l'aveu suivant que nous sommes heureux d'enregistrer :
« La détermination de la force musculaire *n'est pas
rigoureusement du ressort de la mécanique* (2) ».

Quels sont, toutes proportions gardées, les êtres
vivants les plus forts? Sont-ce les bœufs à la large
encolure, les chevaux aux jarrets d'acier, ou les
éléphants aux proportions gigantesques? Nullement. La science nous apprend ce que sont les êtres
les plus infimes, les *insectes* aux muscles ténus
et en quelque sorte filiformes. « Des expériences
nombreuses ont établi qu'à *poids égal* les insectes
sont *les mieux doués sous le rapport de la force*

(1) Op. *cit.*, p. 701.
(2) Op. *cit.*, p. 700.

musculaire. Strauss-Durkeim a trouvé que le muscle d'un lucane (ou cerf-volant), représentant un poids de 0 gr. 20 centigrammes, développe une force *trente-cinq mille fois* plus considérable, c'est-à-dire de 7 kilogrammes (1). »

L'observation vulgaire corrobore ces résultats. Sans parler des puces dites *savantes* qui traînent des fardeaux énormes, qui de nous n'a contemplé avec admiration la fourmi dans son dur et patient travail? Et, si nous faisions appel aux souvenirs du jeune âge, et hélas! de l'âge impitoyable, qui ne se rappelle les petites mouches au long martyre? L'écolier espiègle leur attache de grands bouts de papier, et l'insecte torturé, accablé, trouve encore dans la surprenante vigueur de ses muscles le moyen de voler et parfois d'échapper à son persécuteur.

Le système musculaire n'est pas isolé dans l'économie : il est à l'état connexe avec le système nerveux. Les deux systèmes sont distincts, mais étroitement liés : le premier est assujetti au second. Or la force d'une contraction dépend non seulement du muscle, mais du nerf ou plutôt de la force nerveuse. D'un même muscle notre volonté obtient

(1) Dr Surbled. *La fibrille musculaire d'après de récents travaux, Revue des Questions scientifiques de Bruxelles,* octobre 1880, p. 404.

librement une forte action ou une action insignifiante. On a pu concevoir *à priori* un rapport entre
la grosseur d'un muscle et sa puissance; on ne
sauraitétablir de rapport entre des forces nerveuses.
Qui mesurera ces forces? Qui dira la valeur d'une
volonté? Assurément la tâche nous semble impossible, insensée. Elle ne rebute pas les matérialistes.
Leur ambition va plus loin, nous le savons, puisqu'ils prétendent « *mesurer* » l'intelligence elle-
même.

C'est ainsi que la logique se venge de ceux qui
la méconnaissent. L'ancienne physiologie n'a pas
connu de pareils égarements : elle trouvait son
guide dans une bonne philosophie. La science ne
fera de rapides et sûrs progrès qu'en puisant à
cette source féconde.

Malgré les erreurs de son point de départ, la
physiologie est arrivée, par des études patientes et
prolongées, à connaître le fonctionnement cérébral.
Sans doute les résultats obtenus sont minimes auprès de ceux que notre légitime impatience et notre
curiosité peuvent réclamer; mais quels progrès la
science n'a-t-elle pas faits depuis vingt ans, quels
admirables résultats ne nous a-t-elle pas déjà
livrés? Il y aurait injustice à ne pas les constater.

Rappelons seulement, pour apprécier le chemin
parcouru, les connaissances que nous donnait sur

le cerveau la science, encore si récente, des Flourens
et des Longet. Les ganglions cérébraux, avec la
protubérance, étaient considérés comme le centre
exclusif des mouvements et des sensations. Et dès
lors, comme on ignorait le rôle de la substance
grise des couches corticales, comme, pour cacher
cette ignorance, on voulait lui assigner *quand
même* une fonction, les savants les plus circons-
pects n'hésitaient pas à dire qu'elle présidait aux
fonctions supérieures. Flourens, dont le spiritualisme a été tant célébré, répète sans cesse que *le
cerveau a pour fonction de percevoir et de penser* ; et il écrit sans mauvaise intention : « Les
propriétés ou *forces* du système nerveux sont au
nombre de *cinq :* ce sont la *sensibilité*, la *force
motrice*, le *principe vital*, la *force locomotrice*
et l'*intelligence* (1). » Il est impossible de pro-
fesser plus ouvertement un matérialisme plus absolu ; mais il faut répéter, à la décharge de Flourens, que son époque, obéissant à l'idée cartésienne,
alliait facilement le matérialisme scientifique au
spiritualisme philosophique sans craindre la contradiction et l'inconséquence.

Aujourd'hui la physiologie cérébrale, appuyée
sur l'observation et l'expérimentation, nous offre

(1) *De la Vie et de l'Intelligence.*

des données sérieuses qui se concilient admirablement avec celles de la raison. La doctrine des localisations marque une nouvelle et décisive étape de la science.

p
li
N
n
de
il
m
pé
do
sci
co
re

CHAPITRE XXVI

LA DOCTRINE DES LOCALISATIONS CÉRÉBRALES

C'est le sort des grandes découvertes d'avoir pour point de départ un fait vulgaire et insignifiant que livre souvent le hasard. Sans la chute d'une pomme, Newton n'eût peut-être jamais immortalisé son nom. Un simple incident frappe le regard de bien des hommes sans leur faire jamais rien découvrir ; il est réservé à quelques rares esprits, et c'est leur mérite, de savoir en tirer la conception de lois supérieures et le principe de recherches fécondes. La *doctrine des localisations* qui devait ouvrir à la science une voie nouvelle, n'a pas échappé à cette condition commune : elle fut découverte, sans être recherchée, dans les circonstances suivantes.

En 1870, deux physiologistes allemands,

MM. Fritsch et Hitzig, remarquèrent qu'un courant électrique traversant la tête de droite à gauche provoque des mouvements de certains muscles des yeux. Ce phénomène insolite frappa vivement leur attention ; et, par une idée heureuse, ils voulurent le vérifier sur le cerveau même. Ils ouvrirent le crâne d'un animal et appliquèrent les électrodes directement sur la pulpe nerveuse. Les mêmes contractions survinrent. La découverte se confirmait. Ils songèrent à obtenir une contre-épreuve décisive, et, dans ce but, enlevèrent la couche corticale du cerveau par places bien limitées : des phénomènes de paralysie eurent lieu dans toutes les parties du corps où l'application de l'électricité avait suscité auparavant des contractions musculaires. Un premier mémoire signala ces faits intéressants (1).

Hitzig vit là une indication précieuse et continua seul des recherches dans cette direction. Explorant, un pôle électrique à la main, les différents points de la surface cérébrale mise à nu après trépanation, il ne tarda pas à constater des différences notables et constantes dans les muscles contractés. Enfin, en 1873, il révélait au public savant le résultat complet de ses expériences. Il

(1) *Ueber elektrische Erregbarkeit der Grosshirns*, in *Arch. f. Anat. u. physiolog. Wissensch.*, t. III, p. 300-332, 1870.

déclarait que l'excitation de régions déterminées de la surface du cerveau provoque la contraction de groupes non moins bien déterminés de muscles.

Ce fait parut si extraordinaire, si contraire aux données de la physiologie que beaucoup restèrent d'abord incrédules. Mais les expériences se multiplièrent : Hitzig les répéta non seulement sur les chiens, mais sur un singe. D'autres savants s'y consacrèrent, et, entre les mains de Ferrier, de Carville, de Duret et d'autres, elles donnèrent les mêmes résultats et établirent définitivement la *doctrine des localisations*.

Dans ces différents travaux, on employa d'abord les courants continus, Ferrier leur substitua les courants induits. Cette méthode d'excitation électrique, comme on l'a montré depuis, n'est pas exempte d'inconvénients : suivant que le courant est fort ou faible, les contractions musculaires sont générales ou partielles, se limitent à un groupe de muscles, à un membre ou s'étendent à tout un côté du corps. Quelque atténué qu'il soit, le courant diffuse toujours plus ou moins, soit en superficie, soit en profondeur.

Le physiologiste doit tenir compte de ces différences pour apprécier à leur valeur les résultats obtenus. Avec les électrodes, il a en main un précieux instrument de recherches, qui sait interroger la pulpe nerveuse avec une finesse incomparable, il n'a pas un instrument infaillible : à lui de le manier avec science et dextérité, à lui d'éprouver ses réponses et de se garder de ses erreurs.

D'ailleurs on complète heureusement la méthode précédente par un procédé opposé, en détruisant mécaniquement des parties bien limitées du cerveau et en observant les effets de cette lésion. Sans doute, il y a encore à dégager de ces effets les manifestations inévitables de l'inflammation cérébrale consécutive au traumatisme, mais cette inflammation est généralement légère et tarde assez à se produire pour permettre des observations souvent satisfaisantes. Le procédé exclusivement employé autrefois, qui consistait à détruire la substance cérébrale par le feu ou les caustiques a été complètement abandonné, les caustiques diffusant souvent très loin et ne mettant pas plus que le feu à l'abri de violentes inflammations.

Grâce aux deux méthodes que nous venons d'indiquer et qui se contrôlent l'une par l'autre, les résultats acquis offrent les garanties les plus sérieuses d'exactitude.

Nous épargnerons au lecteur l'énumération de tous les *centres moteurs* successivement indiqués par les savants. Il nous suffira de dire qu'ils siègent presque exclusivement dans le lobe pariétal et dans la moitié postérieure du lobe frontal et qu'ils comprennent dans leur ressort les principaux groupes de muscles volontaires de l'économie.

La partie postérieure des hémisphères, et particulièrement les lobes occipital et temporal, dépourvue jusqu'à présent de centre moteur, serait, au contraire, le siège de la sensibilité d'après différents auteurs (Beltz, Charcot); mais il faut reconnaître que l'étude des centres sensitifs est d'une difficulté particulière et par suite beaucoup moins avancée que celle des centres moteurs. Cependant Ferrier en signale un certain nombre avec preuves à l'appui.

La région antéro-frontale n'a ni centre moteur (Charcot, Pitres), ni centre sensitif (Ferrier). Elle a été soigneusement explorée par Ferrier sur les singes, et le savant expérimentateur n'a tiré aucun phénomène de son excitation ou de sa destruction. Après l'opération, on a noté chez tous les animaux de l'apathie et de la somnolence; mais ce fait n'a pas de signification propre, il est le résultat du traumatisme et se produit aussi quand on détruit les lobes occipitaux.

La doctrine des localisations est bien certaine, mais elle est encore trop récente pour répondre à toutes les interrogations et résoudre tous les problèmes. Sa texture assez lâche laisse voir

plus d'un hiatus, ses développements donnent
place à plus d'un doute. Elle n'en est pas moins
inébranlable. L'expérimentation l'a fondée et la
soutient ; chaque jour lui apporte son contingent
de faits qui la confirment de plus en plus.

Aussi ne faut-il s'arrêter aux rares contradicteurs
qu'elle a rencontrés sur sa route que pour constater l'inutilité de leurs efforts. La critique a beau jeu
vis-à-vis d'une doctrine neuve qui bouleverse les
idées reçues, quand ses preuves sont rares et mal
assises ; mais elle cède vite devant ses incessants
progrès, à la lumière de faits de plus en plus con-
cluants. Les objections de Brown-Séquart, de
Courty, déjà anciennes, n'ont pas ébranlé la théorie
des centres moteurs ; et nous aimons à croire que
ces savants expérimentateurs ont renoncé aujour-
d'hui à leur opposition et adhéré à l'opinion commune.

Cette opinion est faite et ne saurait s'égarer : elle
ne s'appuie pas seulement sur les expériences con-
cordantes de nombreux physiologistes, elle puise
une force nouvelle dans les faits cliniques qui confirment point par point la doctrine des localisations cérébrales et assurent à jamais son empire
dans la science.

CHAPITRE XXVII

LA DOCTRINE DES LOCALISATIONS CÉRÉBRALES

SUITE

Tandis que l'expérimentation est pleine de difficultés et que ses résultats prêtent toujours à la critique, la clinique, nous l'avons déjà dit, nous offre des expériences toutes faites, et bien faites. Son concours doit donc être très précieux dans la question qui nous occupe. En effet les observations médicales et l'anatomie pathologique qui en est le complément nécessaire, nous fournissent une quantité incalculable de faits. On leur est redevable de très importantes données qui viennent très heureusement confirmer celles de la physiologie.

Il est même remarquable que la doctrine des localisations ait été établie par les cliniciens avant de l'être par les physiologistes. Notre savant maître, Bouillaud, l'avait pressentie et annoncée il y a plus de soixante ans (1); et dès 1861, Hughlings Jackson exposait, d'après les seuls enseignements de l'hôpital, la thèse des *centres moteurs* que Hitzig et Ferrier ne devaient révéler que dix ans plus tard. Cette constatation, est-il besoin de le dire, n'enlève rien au mérite de ces derniers : la grande découverte leur appartient, malgré les travaux antérieurs.

Les anciennes observations des auteurs ne tiennent pas toujours un compte exact des symptômes et surtout des lésions, mais elles sont sincères, étendues et ne méritent peut-être pas l'abandon et le dédain dont on les gratifie. Un travail curieux et certainement utile serait de les recueillir et de les étudier au point de vue qui nous préoccupe si justement aujourd'hui : on verrait une masse de faits apporter à la doctrine nouvelle une confirmation d'autant plus précieuse qu'elle serait en quelque sorte inconsciente. L'examen, trop rapide à notre gré, que nous avons fait dans ce sens, ne nous a pas paru inutile. Ainsi plusieurs observations de Bérard, de Velpeau, constatent

(1) *Traité de l'encéphalite*, 1825, p. 279.

en même temps la lésion des deux lobes antérieurs et l'intégrité de la sensibilité et du mouvement : ne sont-elles pas d'accord avec celles de nos expérimentateurs ?

Gall a ouvert la voie à la doctrine des localisations et l'a en quelque sorte fondée ; mais il n'était pas physiologiste, encore moins médecin. Il est impossible de lui attribuer l'honneur d'avoir inventé les centres moteurs, d'en avoir découvert cliniquement le premier. C'est à Bouillaud sans aucun doute que ce grand honneur revient. Dès 1825, s'appuyant sur des observations pathologiques, il plaçait dans les lobes antérieurs le siège de la *faculté du langage*. Cette découverte était appelée à avoir d'importantes conséquences, mais sa nouveauté la fit combattre et contester pendant plus de trente ans avec un tel acharnement qu'elle resta à peu près stérile. Un important mémoire du docteur Dax vint l'appuyer en 1836 ; il passa inaperçu. Elle ne fut définitivement admise qu'en 1861, à la suite d'un travail de Broca (1).

Le vrai siège de la faculté du langage fut précisé par ce dernier savant et placé dans la seconde et

(1) *Sur le siège de la faculté du langage articulé*, avec *deux observations d'aphasie*, *Bulletin de la Société anatomique*.

surtout la troisième circonvolution frontale du lobe antérieur gauche.

Cette nouvelle détermination, rompant l'antique symétrie du cerveau, provoqua au sein des sociétés scientifiques une nouvelle série de discussions, et je crains qu'elles ne durent encore. Les uns en prirent occasion pour revenir aux vieilles querelles et nier, au nom de la clinique, tout rapport entre la faculté du langage et les lobes antérieurs ; les autres soutinrent que cette faculté a bien son siège dans ces lobes, à la place indiquée par Broca, *mais des deux côtés*, tout en étant plus particulière à gauche. Ces derniers, forts de nombreuses observations, ont triomphé de leurs adversaires ; et aujourd'hui le siège du langage est à peu près incontesté.

Cette localisation, la première que la médecine ait trouvée, a un sérieux désavantage sur les autres : elle n'est pas du ressort de la physiologie expérimentale, elle n'en peut pas subir la vérification. Les animaux n'ont pas le langage articulé. De plus il est malaisé de définir cette faculté du langage, d'en analyser les éléments. On doit croire qu'elle comprend surtout la mémoire des mots, les aphasiques, c'est-à-dire ceux qui la perdent, gardant rarement le pouvoir d'écrire ce qu'ils ne sauraient dire.

Pendant plusieurs années, la clinique ne fournit plus aucune indication nouvelle à la science cérébrale, elle ne reprit ce rôle qu'à la suite des grandes découvertes de Hitzig et de Ferrier. Alors les travaux surgirent de toutes parts et se multiplièrent. Les centres moteurs, si bien établis par la voie de l'expérimentation, le furent aussi par les faits pathologiques (1). Quant aux centres sensitifs, plus difficiles à rechercher en raison de la nature si délicate des sensations, la clinique fut plus heureuse et plus prompte à les délimiter que les expériences. Ce travail de localisation n'est pas terminé, on le comprend : il se poursuit tous les jours, se complète et vérifie d'une façon surprenante les résultats déjà obtenus par les physiologistes.

La doctrine des localisations cérébrales, démontrée par les faits, a si bien pris sa place en médecine qu'on commence à en tirer des applications thérapeutiques excellentes, merveilleuses même.

Un individu subit un traumatisme du vertex et, quelques mois après, devient épileptique. On trépane son crâne au niveau de la cicatrice, on constate un enfoncement de la table interne dans la

(1) Voir notamment l'excellent travail de compilation de Grasset, *Des localisations dans les maladies cérébrales*, 1879.

pulpe nerveuse, on la relève; et le malade guérit de son épilepsie (1).

Un malade est atteint d'une fistule mastoïdienne du côté droit. Tout à coup des symptômes graves surviennent, une hémiplégie faciale gauche se déclare. Le chirurgien juge de suite, par les symptômes, du siège et de la nature du mal, trépane hardiment du côté droit et va chercher et vider un abcès du cerveau. Le malade guérit (2).

Deux ans après une attaque d'hémorrhagie cérébrale, un homme de cinquante-quatre ans avait encore de la parésie du membre inférieur droit, de la contracture de la main droite, une gêne marquée de la parole et de violentes attaques épileptiformes. Le chirurgien consulté affirme l'existence d'un foyer à la partie moyenne de la circonvolution frontale ascendante, irritant les centres du bras et confinant à ceux du membre inférieur et du langage : il opère en conséquence, trouve le foyer prévu et le vide. Le lendemain de l'opération, la contraction de la main avait disparu. Plus tard la marche était plus facile, la parole plus claire, l'in-

(1) Féré et Reclus, *Société médicale des hôpitaux*, 24 février 1888.

(2) Théophile Anger, communication à la *Société de chirurgie*, séance du 3 juillet 1889.

telligence plus nette, les attaques avaient cessé (1).

En présence des tumeurs diverses qui surviennent dans la zone motrice, compriment la masse nerveuse et déterminent soit l'épilepsie, soit la paralysie, le chirurgien n'hésite plus, car il connaît le mal sans le voir : il trépane au niveau des centres moteurs irrités, enlève la tumeur, et les accidents disparaissent. En France, MM. Lucas-Championnière, Péan, Terrillon, Anger, en Angleterre, Horsley ont déjà à leur actif plusieurs de ces belles opérations (2) suivies de succès.

De pareils résultats ne sont-ils pas admirables ? On les doit à la doctrine des localisations. Sans doute le trépan avait eu naguère un long règne; mais, si le crâne subissait ses atteintes, le cerveau était respecté. N'était-ce pas l'organe sacré de l'intelligence, le temple de la pensée ? Quel praticien téméraire aurait osé jadis promener son bistouri dans la pulpe nerveuse, y chercher des abcès, des tumeurs, les enlever sans scrupule ? L'audace des chirurgiens contemporains a été grande, mais elle a été dignement récompensée : elle était froide, réfléchie, inspirée par le devoir et basée sur la connaissance des fonctions cérébrales.

(1) Lucas-Championnière, *Académie de médecine*, 20 août 89.
(2) Voir la thèse de Dumas, *Trépanation dans l'épilepsie*, Paris, 8 mai 89 et les compte-rendus des sociétés médicales.

14

CHAPITRE XXVIII

Après avoir exposé, au début de ce livre, la doctrine matérialiste sur les rapports du cerveau et de
l'intelligence, nous lui avons opposé successivement les contradictions décisives que la science
lui inflige. D'abord les savants les plus renommés
ont reconnu dans leur indépendance, que le cerveau
ne donne pas la raison du moindre phénomène
psychique : leur témoignage s'accorde bien avec
celui des faits accumulés dans nos premiers chapitres. Puis nous avons rappelé les grandes lois
de la vie que l'organicisme a méconnues, mais que
les progrès de la science remettent en honneur.
Le rapport de l'organe à sa fonction créatrice, la

nature propre et essentielle de la vie sont deux vérités qui ne sauraient échapper à l'observateur qui sait contrôler les faits à la lumière de la raison. Enfin, pour couronner notre victorieuse réfutation du matérialisme, il restait à citer la récente doctrine des localisations; nous l'avons fait connaître dans son ensemble.

Cette doctrine a une première et importante conséquence qui ne peut être évitée; elle fait disparaître à jamais le spécieux prétexte invoqué pour *matérialiser* la pensée, l'intelligence; elle enlève aux matérialistes leur arme la plus perfide, elle donne au spiritualisme son meilleur argument.

Puisque la substance corticale du cerveau se partage en départements variés, centres de mouvements et de sensations, puisque les noyaux centraux conservent vis-à-vis de ces sensations et même de ces mouvements un rôle d'élaboration ou plutôt de concentration mal défini, mais indubitable, il faut se rendre à l'évidence : *il n'est plus aucun point de cet organe pour y localiser les phénomènes psychiques.*

Cette conclusion est rigoureuse. Le cerveau, dans son ensemble, est un organe de mouvement et de sensibilité. L'intelligence que les anciens physiologistes attribuaient par ignorance aux couches corticales, n'y a plus sa place. On a renoncé à en chercher le siège, on a reconnu son indépendance relative et sa nature spéciale.

D'ailleurs, nous l'avons vu, la fonction crée l'organe. La sensibilité et la motilité dominent le cerveau et l'accaparent à elles seules. L'intelligence *n'ayant pas d'organe* n'est pas une *fonction* de l'organisme, c'est, comme le disent les philosophes, une *faculté* de l'âme supérieure à la matière.

Les matérialistes ont si bien senti le danger qui menaçait leur système, qu'ils ont tout mis en œuvre pour l'écarter; ils n'ont pu amoindrir l'immense portée d'un fait observé et expérimenté mille fois, ils ont cherché du moins à obscurcir ce fait qui les condamnait et qu'ils ne pouvaient nier. Ils ont prétendu décorer les *centres moteurs* du nom de *psycho-moteurs*, comme pour y placer une part de l'intelligence; mais la tentative a été vaine. Leur prétention n'a pas tenu devant la conclusion de la vraie science qui a conservé aux couches corticales le *seul* rôle de *centres de mouvements*. Ainsi leur défaite est complète, et ils n'ont même pas obtenu le dernier avantage de la dissimuler.

Par une autre conséquence, la doctrine des localisations éclaircit singulièrement le problème complexe que soulèvent le volume et le poids du cerveau et ouvre à la science des voies nouvelles. On ne peut plus désormais faire de l'intelligence d'un homme une affaire de mesure cérébrale. La question n'est plus aussi vaste ; mais, en se circonscrivant, elle devient d'autant plus pratique et intéressante qu'elle était avant vaine et stérile. Elle vise les mille ressorts de la sensibilité et du mouvement. Quel genre d'activité favorise le développement de l'encéphale ? Pourquoi le cerveau d'un animal vulgaire atteint-il de grandes dimensions ? Pourquoi celui d'un aliéné dépasse-t-il celui d'un homme de génie ? Pourquoi nos robustes populations d'Auvergne, nos rudes gars de Bretagne se distinguent-ils par leur forte cervelle ? Ce sont là, entre cent, autant de points curieux que la science de l'avenir aura à débattre et à éclaircir, sans craindre de s'engager sur un terrain étranger et défendu.

C'est, en effet, une dernière conséquence, et non la moins heureuse, de la doctrine nouvelle de ramener les savants à la vraie science et de délimiter strictement leur domaine. Elle répare le regrettable désordre que la philosophie cartésienne avait créé et que d'inavouables passions avaient entretenu en l'aggravant. Elle rappelle que nous ne pouvons accepter que les données de l'observation et de l'expérience, et que, loin d'avoir à « *matérialiser* » l'intelligence, nous devons en reconnaître la nature spirituelle. Que les philosophes étudient l'âme, que les savants scrutent le corps, mais que tous, reconnaissant l'unité de la personne humaine, joignent leurs efforts pour résoudre les importants problèmes qu'elle soulève.

Tant qu'a duré le désaccord entre la philosophie et la science, ces problèmes n'ont pas été abordés utilement et ne pouvaient être éclaircis. Plusieurs sollicitent vivement l'intérêt. Qui nous dira la nature du *sommeil* encore inexpliquée? Qui démêlera les phénomènes si compliqués du *rêve* et en donnera raison? Quand connaîtrons-nous enfin la cause de cette terrible maladie de plus en plus envahissante, qu'on nomme la *folie* ? Ces questions aujourd'hui, qu'on le sache bien, peuvent être posées avec profit ; et demain, nous en avons la ferme confiance, la science nouvelle, d'accord avec la philosophie, y répondra.

ce
qu
lu
to
qu
du
no
de
er
fac

de
l'a

CHAPITRE XXIX

L'INTELLIGENCE ET LE CERVEAU

Quels sont les rapports de l'intelligence et du cerveau ? Nous n'avons pas encore répondu à cette question capitale, parce qu'avant de donner la solution désirée, il fallait débarrasser le terrain de tous les obstacles et des fausses solutions, parce que la connaissance préalable des deux termes du problème était indispensable. Ces deux termes, nous l'avons vu, loin de s'équivaloir, ne sont pas de même ordre : leur confusion, cause de longues erreurs, a été dissipée, leur conciliation devient facile et s'impose.

Un problème mixte comme le nôtre, qui relève de la philosophie et de la physiologie, demande l'accord de ces deux sciences. Cet accord néces-

saire a été malheureusement rompu au dix-septième siècle. Il se rétablit aujourd'hui de lui-même.
Descartes avait légué à la philosophie un spiritualisme outré; et la science, sous son influence,
avait pris la voie du matérialisme. L'expérience a
éclairé les esprits. Le matérialisme est rejeté de
plus en plus par la science; et, d'autre part, quel
philosophe voudrait de nos jours isoler l'intelligence
de l'homme et faire de nous de purs esprits? Le
mot profond de Pascal est toujours vrai :
« *L'homme n'est ni ange ni bête.* »

L'homme, on le reconnait enfin, est une *unité*
complexe et non un simple agrégat : c'est, pour
tout dire d'un mot, une *personne*, composée d'un
corps et d'une âme invinciblement unis l'un à
l'autre. L'erreur cartésienne est condamnée et
abandonnnée : elle n'appartient plus qu'à l'histoire.

Loin d'avoir à se contredire, la philosophie et la
science sont deux sœurs alliées, — et non pas
ennemies, — qui se doivent un appui réciproque.
Aucune n'a le monopole du problème qui se pose,
chacune le résoud dans son domaine. La philosophie doit nécessairement rechercher les données
de la science et y prendre son point d'appui. La
science à son tour doit tenir compte des principes
de la philosophie et guider ses pas d'après la

logique. Sans cette logique, les meilleures expériences sont vaines. De même les raisonnements les plus suivis et les plus complets sont dépensés en pure perte, si leurs éléments ne sont pas puisés à la source, si la raison n'a pas pour base la science.

Nous connaissons les conclusions de la science. L'intelligence a pour condition anatomo-physiologique l'activité cérébrale. Cette activité lui est essentielle ; mais elle ne l'explique pas et n'en saurait être la cause : elle n'embrasse, d'après les derniers travaux, que les sensations et les mouvements.

A la philosophie de répondre à son tour et de dire le rapport de l'intelligence avec le cerveau. La difficulté est sérieuse. Quelle école nous en donnera raison? Assurément, ce n'est aucun système étroit d'idéalisme ou de matérialisme, ce n'est pas même l'éclectisme avec ses vues spiritualistes sans base ; c'est la grande philosophie traditionnelle qui a régné si longtemps dans les écoles et que la révolution cartésienne en a chassée. Ecoutons son admirable enseignement.

L'intelligence est une faculté propre à l'homme, qui s'exerce *librement*. Ses déterminations ne sont pas fatales, réglées par la loi des forces brutes. Cependant des éléments sont nécessaires à son action, ce sont les *éléments sensibles*. Son indépendance est réelle, mais son exercice ne s'opère qu'au moyen de la sensibilité.

L'intelligence peut-elle exister sans la sensation? La question a été très longuement controversée : elle a son importance à bien des égards, mais ici elle nous paraît inutile, presque oiseuse. On conçoit sans doute l'intelligence en dehors des éléments sensibles; mais quelle valeur pratique a cette idée pour la science? En fait, nous ne connaissons pas sur cette terre d'esprits détachés de tout lien matériel, et nous savons que l'intelligence, privée de sensibilité, ne saurait traduire son existence par aucun acte.

Quelque développé qu'on le suppose, l'esprit humain ne peut rien concevoir sans *images*, et c'est la sensation qui les fournit. Par conséquent il dépend étroitement, quoique d'une manière indirecte, du cerveau, organe des impressions. *La connaissance intellectuelle est rigoureusement liée à la connaissance sensitive* (1).

L'*imagination* est donc le trait d'union entre le cerveau et l'intelligence. C'est la faculté qui conserve et entretient les sensations perçues et qui fournit à l'intellect tous les éléments de son exercice. « Chez l'homme, dit saint Thomas, l'*intelli-*

(1) B. Alb. M., *De animâ,* lib. III, tract. II, c. xii.

gence dépend du sensible, et partant l'opération propre de son intellect, c'est de *comprendre les choses intelligibles dans les images sensibles* (1). »

Pour bien saisir cette nécessité de l'image dans l'acte intellectuel, il suffit d'ailleurs de se replier un instant sur soi-même. On voit que tout l'agencement des idées repose sur des éléments sensibles. « Lorsque quelqu'un, dit encore saint Thomas, s'applique à comprendre quelque chose, il s'en forme certaines images, en manière d'exemplaires, où il considère, comme dans un miroir, l'objet de son étude. De là vient aussi que lorsque nous voulons donner à quelqu'un l'intelligence d'une chose, nous lui proposons des exemples qui puissent l'aider à se former des images qui l'aideront à comprendre (2). »

Voilà les rapports du cerveau et de l'intelligence : leur simplicité étonne, mais leur vérité nous convainc et leur splendeur nous séduit.

Cet accord n'est-il pas admirable? D'un côté l'intelligence se présente avec ses facultés supérieures ; de l'autre c'est le cerveau avec ses sensations, avec la mémoire imaginative. Leur puissance

(1) *De Mem. et Rem.,* lect. 1.
(2) *Sum. Theol.,* p. 1, q. LXXIV, a. VII c.

15

se mêle et se confond dans une action commune ; et du jeu de leurs combinaisons naît l'activité humaine avec toutes ses merveilles.

Le cerveau ne produit pas l'intelligence, il en est l'instrument nécessaire, l'auxiliaire obligé. L'intelligence n'est pas corporelle, mais elle ne va pas sans le cerveau. L'harmonie sort de leur double entente.

La doctrine qui nous a valu ce remarquable enseignement n'est pas d'hier. La science la confirme, l'appuie de son autorité : elle n'a pas eu la gloire de la découvrir, ni l'honneur de la garder. Cette doctrine est la doctrine traditionnelle, la doctrine scolastique. Les anciennes écoles ont enseigné pendant des siècles ces excellents principes; et l'on ne peut s'empêcher de regretter qu'ils aient été renversés, puis oubliés un jour. A voir les erreurs où se sont complues les générations qui nous ont précédés, chacun doit comprendre que ce que nous avons de mieux à faire aujourd'hui, c'est de renouer la tradition rompue et de revenir à la vieille philosophie du passé.

CHAPITRE XXX

Les rapports du cerveau et de l'intelligence nous sont connus. La thèse spiritualiste est bien établie : résoud-elle la question cérébrale? Pour beaucoup d'esprits, elle ne l'élucide pas d'une façon satisfaisante et laisse subsister bien des obscurités. Son explication, à tout prendre, ne vaudrait pas celle des matérialistes. Nous avons déjà signalé cette opinion, nous devons voir si elle est sérieuse, si ses objections sont fondées.

On comprend assez bien le rôle du cerveau et des sensations, mais on s'explique mal celui de l'intelligence. On demande avec rigueur, avec insistance la *place de l'âme*. *Où siège-t-elle ?* L'exigence est extrême : nous ne pouvons y répondre.

On insiste et on nous dit que « la faculté mentale doit être *présente* dans la couche corticale pour sentir et pour agir. » Nous l'avouons humblement, notre thèse ne peut atteindre à cette précision ni fixer à l'âme une résidence organique. Descartes, il est vrai, la plaçait dans la *glande pinéale*; mais nous sommes loin du grand penseur et obligés de nous garder sévèrement de toute illusion. Nous devons nous déclarer impuissants à « *localiser* » l'intelligence. Si, à cet égard, nous sommes inférieurs à nos adversaires, nous le regrettons sans espoir de nous corriger.

Leur explication du problème cérébral a sur la nôtre, et gardera toujours l'avantage d'une extrême simplicité. Reste à savoir si elle est d'accord avec la science. Elle comporte d'ailleurs des formes variées et changeantes. Que d'affirmations hasardeuses on a vu naître, que le lendemain a emportées, contredites par l'expérience! On se rappelle encore avec quelle hardiesse et quelle certitude un savant réputé nous décrivait naguère en détail la trame nerveuse du cerveau : il y voyait des cellules de nature diverse, des *cellules sensitives,* des *cellules volontaires,* des *cellules intellectuelles,* il détaillait au bout de son objectif les opérations complexes de la pensée. Il ne reste rien de cette théorie bruyante : l'observation exacte en a fait justice. Ce seul exemple ne devrait-il pas suffire à éclairer les esprits et à les préserver des pièges grossiers du sensualisme?

C'est au sensualisme qu'on doit les exigences impossibles dont nous parlions plus haut. Il est très répandu, et personne n'est à l'abri de ses tentations, de ses atteintes. Ses leçons sont faciles à retenir. Il ne connaît que ce qui se voit et se sent. Dans la question du cerveau, il s'opiniâtre à réclamer une *intelligence qui se touche, se pèse et se mesure* et nous poursuit sans cesse en demandant le secret de l'organe encéphalique, le « *mécanisme de la pensée.* »

Dirons-nous le mécanisme de la pensée? — Oui, nous le révélerons à celui qui nous dira le mécanisme de la volonté, le mécanisme de la sensation, le mécanisme de la vie. Nul n'a encore découvert ces mécanismes inférieurs : pourquoi serions-nous obligés de connaître celui de l'intelligence?

La vie, la volonté, la sensibilité sont des forces spéciales qui ne sont pas du domaine des forces physico-chimiques : elles ont des lois, des caractères à part. L'animisme qui le prouve est trop visiblement soutenu par les derniers progrès de la science pour céder de sitôt les armes au matérialisme.

L'intelligence a ces forces pour substratum et

pour appuis. Elle est spirituelle, mais pour l'élaboration de la pensée elle doit se servir des sensations dont le cerveau est l'organe. — Entre ces deux termes du problème, il y a encore place pour notre ignorance.

Qu'importe?

Nous connaissons l'intelligence d'une part, le cerveau de l'autre, nous tenons fortement les deux bouts de la chaîne, comme parle si bien Bossuet, et notre esprit satisfait se repose dans la contemplation de l'harmonieux accord de la raison et des faits, de la philosophie et de la science.

FIN

TABLE DES MATIÈRES

ÉMILE COLIN — IMPRIMERIE DE LAGNY